北京休闲慢行道规划与设计研究

邱尔发　张桉树　方佳楠　邢立捷　著

中国林业出版社
China Forestry Publishing House

图书在版编目 (CIP) 数据

北京休闲慢行道规划与设计研究 / 邱尔发等著. --
北京 : 中国林业出版社, 2021.12
ISBN 978-7-5219-1393-4

Ⅰ.①北… Ⅱ.①邱… Ⅲ.①城市道路—交通规划—
北京②城市道路—设计—北京 Ⅳ.①TU984.191
②U412.37

中国版本图书馆CIP数据核字(2021)第214381号

出版　中国林业出版社（100009　北京市西城区刘海胡同 7 号）

发行　中国林业出版社

电话　010-83143564

印刷　北京中科印刷有限公司

版次　2021 年 12 月第 1 版

印次　2021 年 12 月第 1 次印刷

开本　787mm×1092mm　1/16

印张　12.5

字数　280 千字

定价　120.00 元

前　言

随着我国经济社会的发展和国民生活水平的提高，休闲生活越来越成为人们热衷追求的时尚，城乡居民对回归自然、享受休闲游憩生活的愿望越来越强烈。越来越多的人在日常休闲锻炼或短途休闲旅行时选择步行或骑行。因此，休闲慢行道已成为满足人们日常游憩生活必要的基础设施。

休闲慢行道包含绿道、景观慢行道和景区慢行道三种类型，主要供步行者和骑行者休闲游憩和旅行观光。休闲慢行道既是绿色出行、享受慢生活的纽带，也是景观游览和出行休憩的场所，同时还可以作为科普文化知识宣传的长廊和平台。

当前，全国各地建设休闲慢行道的热情高涨，把它作为提高居民生活质量，提升幸福指数的重要基础设施。广东省2010年率先发布了《珠江三角洲绿道网总体规划纲要》，2011年编制了《广东省城市绿道规划设计指引》，2012年编制了《广东省绿道网建设总体规划》，拉开了我国绿道规模化规划建设的序幕。随后，福建、浙江、四川等省份相继编制了全省绿道网规划。住建部2016年印发《绿道规划设计导则》，要求各地本着"因地制宜、彰显特色、统筹城乡、绿色低碳"的原则，根据本地实际情况予以深化细化，保障切实可行，标志着休闲慢行道的建设在全国步入快速道。

本书提出休闲慢行道的概念和内涵，意在厘清绿道、景观慢行道和景区慢行道的异同，同时，把绿道的地域分布与功能属性结合在一起，建立绿道分类体系，试图规范绿道的分类，改变当前绿道分类混乱的现状。本书在休闲慢行道理论探索的基础上，开展了北京市老城区、通州新城和不同类型典型景区的休闲慢行道规划，并选取典型案例提出设计思路，以期为休闲慢行道的研究与建设提供参考。

参与本书撰写的人员有邱尔发博士（中国林业科学研究院林业研究所、国家林业和草原局城市森林研究中心研究员）、张桉树硕士（笛东规划设计（北京）有限公司景观设计师）、方佳楠硕士（中国城市发展规划设计咨询有限公司助理工程师）、邢立捷硕士（河北科技师范学院助教）。具体分工是：前言由邱尔发撰写；第一章休闲慢行道概述由邢立捷、邱尔发撰写；第二章绿道分类探析由张桉树、邱尔发撰写；第三章北京市老城区绿道规划由方佳楠、邱尔发撰写；第四章北京市通州区绿道规划由张桉树、邱尔发撰写；第五章景区慢行道规划与设计由邢立捷、邱尔发撰写。本书整理和出版由邢立捷协助完成。

本书是在风景园林专业学位论文的基础上整理而成。在研究方案确定过程中，得到国家林业和草原局城市森林研究中心首席专家王成博士、研究员，国家林业和草原局城市森林研究中心首席专家贾宝全博士、研究员的指导和帮助；同时，国家林业和草原局城市森林研究中心各位同事也为研究提供了大力支持，在此表示衷心感谢！

本书可作为高等院校相关专业的教材，亦可为从事休闲慢行道规划与建设的人员提供参考。由于本书的撰写和整理出版时间较为仓促，疏漏之处在所难免，敬请广大读者批评指正。

作者
2021年4月

目　录

参考文献

第一章
休闲慢行道概述

第一节　休闲慢行道起源与发展

　　休闲慢行道的建设源于城市化快速发展，城市化的发展给人们的生产生活带来了新的变革和挑战。科学技术的革新，人们生活理念和方式的转变，越来越多城市职场人可以从繁忙的工作中脱离，并且普遍拥有从事户外休闲运动的意向，尤其在我国较发达地区的一些城市，已经形成了比较大规模的户外休闲需求群体。未来，随着我国国民经济的持续发展，整个社会也将会逐渐步入户外休闲消费时代。

　　自19世纪末期，世界各地均开始呈现城市化现象，随着社会的进步和发展，尽管各国城市化水平不尽相同，但整体都呈现与该阶段经济水平密切相关的正向关系。城市化的发展增强了农村与城市的联系，农村人口在城市化过程中，拥有更多的就业机会。大量人口因良好的教育、医疗、住房等方面的吸引涌入城市。目前，中国的城市化率已经突破了50%，与此同时城市化过快发展的弊端也逐渐暴露。城市基础设施建设跟不上城市化进程，带来了诸如污染、交通拥堵、住房紧张、就业困难、贫困、社会治安等一系列城市问题。其中，最严重的就是对自然的破坏，导致的城市生态环境恶化。

　　与此同时，城市居民们对于生活质量、居住环境、城市设施等各方面的要求越来越高，对美好幸福生活的愿望愈发迫切。加之欧美的许多国家进行城市美化运动已初见成效，国外城市景观规划相关理念不断涌入我国，我国许多城市开始着手对城市公共开放空间进行绿色规划建设。随着人们对城市环境、人居生态问题的不断探索，越来越多的城市逐渐构建起了休闲慢行道网络。

一、休闲慢行道的定义

　　休闲慢行道是指以生态保护、景观营造为基础的，供步行者和骑行者休闲游憩和观光风景使用的道路。根据其功能及道路的区域，可分为绿道、景观慢行道和景区慢行道三种类型。

　　绿道概念起源于美国，由查尔斯·莱托在其著作《美国的绿道》（*Greenway for*

America）中首次提出：沿着自然廊道，如河流、溪谷、沟渠、山脊线等，或是沿着有文化特色的废弃铁路线、风景道路等人工廊道所建立的线形开敞空间。它是连接历史古迹、公园、名胜区、自然保护地等休闲景区与高密度聚居区和开敞空间的纽带，兼具自然景观和人工景观。此后，也有诸多专家学者对"绿道"概念进行了界定。杰克·埃亨（John Ahern，1995）在《绿道：一场国际运动的开始》中指出绿道是由一系列线形元素所构成的用地网络，以土地的可持续利用为目的进行土地的规划管理和设计，以生态保护、休闲娱乐、美学文化等复合型功能为主的土地网络。约翰·欧·西蒙兹（John O Simonds）在《景观设计学》中将绿道定义为可供人们运动、车辆通行以及动物迁徙的由绿色植被环护的通道。绿道的尺度也由林间小径到穿越山地的国家公园步道不等。法伯斯（Fábos J G，2004）定义绿道为具有生态价值的廊道，能够提供休憩娱乐场所的线形空间，具有历史文化价值的通道，并将自然的绿道与人为修建的绿道相区分，强调了自然基础设施的重要性。20世纪70年代，绿道相关概念被提出，直到1987年美国户外游憩总统委员会（President's Commission on Americans Outdoors）将绿道定义为：人们居住地周边的开放空间，此类开放空间可以将乡村和城市连接使之成为一个循环体系。由此我们可以看出，绿道主要是连接生态斑块之间，具有一定景观生态价值的线形绿色空间。

景观慢行道来自城市慢行系统。城市慢行系统的概念起源于慢行绿色交通系统概念，最初由Chris Bradshaw在1994年提出，指的是本着绿色低碳的原则，既生态环保、降低能源消耗，又具有高效、经济、适用性强的特征，提供步行、自行车、公共交通等绿色的交通方式的场所。随着研究的深入和发展，慢行系统逐渐被分化为两种类型。一种是以通勤为主要功能的慢行交通系统，一种是以休闲为主要功能的慢行景观系统。前者主要是线形交通体系，后者结合适当的城市功能，主要以满足人们的休闲游憩需求为主要目的。本书所指的慢行道即为景观慢行道，如城市中的一些滨河休闲道、环山骑行路、环城休闲道、街区慢行路等。它与国外定义的绿道主要区别在于：它不是连接生态斑块，而主要是满足人们日常的游憩功能。在我国，它与绿道的建设、管理部门不同。一般情况下，绿道由住建部门负责，而景观慢行道由城区的交通运输部门负责，城区以外由住建或乡镇人民政府负责。但是，由于我国对其认识和划分也相对粗放，建设实践中常常把景观慢行道也纳入绿道的范畴。为了研究方便和减少混淆，本书也将景观慢行道并入到绿道中，不再单独赘述。

景区慢行道，从其字面上较好理解，范围相对确定，功能也明确。景区慢行道主要是指在可进行游览参观等活动的功能区域，即一些拥有相对完整基础设施的开放景区内部，以方便游客观景的慢行道路。景观慢行道和景区慢行道在规划建设要点以及构成要素上是基本相同的，但有几点区别：一是景区慢行道是有明确边界的，而景观慢行道一般是开放边界的；二是景区慢行道建设与管理部门与绿道和景观慢行道不同，景区慢行道一般由景区管理部门负责。另外，景区慢行道所指的景区，常常也是绿道概念中所提及的生态斑块组分。

由于目前我国在绿道以及城市休闲慢行方面研究、建设起步较晚，并且在准确定义上并没有形成书面的统一意见，本书中的概念也仅是将它们进行鉴别和区分。总体而言，休闲慢行道属于绿色基础设施，是其他类型绿地系统的重要补充形式，为公共绿色空间生态、游憩、文化等功能的发挥起到重要作用。

二、绿道的发展

（一）绿道的发展阶段

目前关于绿道发展有两种阶段的划分，即五阶段论和三阶段论。

1. 法伯斯的五阶段论

绿道的发展过程目前较有权威性的是以法伯斯为主的五阶段论：

（1）绿道规划起步时期（1867—1900年） 19世纪末20世纪初，欧美的一些国家希望通过城市美化运动创造优美的城市景观，为市民提供良好的生活环境，恢复城市中心的吸引力，因此进行了大量城市绿地的规划和城市公园的建设。但是在这一时期还没有形成系统的绿道规划研究，而是以实践作品的形式呈现出来，其中最著名的案例就是奥姆斯特德（Frederick Law Olmsted）主持设计的波士顿公园系统。该公园系统由波士顿公园始到富兰克林公园止全长约16km，由相互关联的9个部分组成，林荫道的平均宽度为60m，中间有30m宽的绿带，是街道两侧居民的日常活动场所。之后，查尔斯·艾略特（Charles William Eliot）扩大了其连接范围，延伸至整个大都市区将休闲娱乐、户外活动、文化遗产旅游集于一体，带来了巨大的社会经济和生态效益。

（2）景观绿道规划时期（1900—1950年） 这一时期，大量的公园和开敞空间建成，在景观设计师的引领下，绿道作为连接各个分散的开敞空间、游憩地等节点的绿色连通道开始快速发展。在此期间，也涌现出了诸如马萨诸塞州的开放空间规划，新泽西州兰德堡镇的绿色空间和绿道规划，蓝桥公园道（Blue Bridge Parkway）以及环湾规划（Bay Circuit Plans）等优秀的实践案例。

（3）环保绿道规划时期（1950—1980年） 20世纪60年代，美国在西进运动结束后开始认识到自然保护和自然资源的重要性，这一时期发起的环保主义思潮和环保运动与绿道建设的理念一拍即合，由此绿道理论的发展与研究开始与环境保护相契合。绿道除了为人们提供休闲娱乐的场所外，还能够保护生物多样性、涵养生态，麦克哈格（Mc Harg）在他的著作《设计结合自然》中，就重点研究了河流廊道的规划。在众多廊道规划实践中，最著名的就是格林·斯普林（Green Spring）和奥辛顿流域（Worthington Valleys）的研究，在规划中运用千层饼式的规划方法逐层分析土地的适宜性，对各部分的相关生态价值进行评价，以此作为土地规划设计的依据。

不仅如此，绿道的理论研究在促进文化资源保护上也有所进展，刘易斯（Philip H Lewis）用地图研究法对奥斯康星州的220处自然资源和文化资源进行图像处理，在地图上标示出位置点并逐层叠加，发现这些资源主要集中在以河流为主的廊道周围，并以此为依据规划了威斯康星州遗产道。

（4）绿道命名及停滞时期（1980—1990年）　这一阶段，"绿道"被正式命名，绿道的基本概念也被确定。同时绿道的规划建设愈发受到关注，并不再依附于其他相关规划而是以独立的姿态开展了大规模的建设运动，但是与不断增加的实践相比，绿道的研究工作相对滞后，绿道的发展出现了停滞不前的现象。

（5）全球化时期（1990年至今）　绿道的发展突破了地域的限制，从美国到欧洲再到亚洲的较发达地区，绿道的建设已经以全球性的趋势在扩散，世界各地也涌现出了许多优秀的实践案例。通过早期的实践到理论再到实践的研究中，绿道建设的发展已经开始由理论支撑实践，再由实践带动理论的创新，绿道规划建设也成为促进城市健康发展的助力。除此之外，信息的普及使知识的传播更加便捷，大量有关绿道的期刊、著作得以在世界传播交流，全球各地的优秀理论及案例、各种大型国际交流会议的展开也促进了绿道的发展。

2. 三阶段论

除了法伯斯的五段学说，也有学者将绿道的发展划分为三个阶段：

（1）萌芽阶段（1700—1960年）　16世纪末，巴黎就开始了大规模的林荫道建设工作，此后的300年时间里，林荫道作为绿道的雏形经历了从发展到成熟，并形成了一套较为普遍的应用模式，并与城市规划完美衔接。随后，公园路、公园系统、绿带等绿道形式也开始随着公园的大量建设而涌现，由绿道连接国家公园、保护地等节点开放空间的规划理论也随之产生。

（2）休闲绿道阶段（1960—1985年）　这一时期，满足人们日常休闲游憩、为居民提供亲近自然的小径开始出现，这种休闲绿道将城市与乡村连接，使人们能够步行或骑行到临近河流、山脉等自然之地。

（3）多功能绿道阶段（1985年至今）　绿道建设规划的目标已经突破了追求单一的功能性，而是朝着内容丰富、多层次的综合目标发展，绿道开始同时具备休闲娱乐、生态防护、生物保护、美化环境、文化宣传、社会经济等多种功能。

绿道的建设已经在全世界展开，目前单一的线形绿道已经很少见，大多都是以绿道网络的形式存在，城市中绿色慢行道的建设也逐渐转变成绿色开放空间网络的构建。绿道网络作为一个系统的整体，将公园绿地、农田林网、防护绿地、隔离带等分散的绿地资源连接起来，形成统一体。不仅如此，绿道的功能也已经渐渐地发生了转变，基于当前人地紧张的社会背景，绿道从原本简单的生产防护及美化环境功能已逐渐过渡到集生态、游憩及文化保护于一体的综合性开放空间，多种功能的融合也促进了多团体利益的实现。同时，人们也充分认识到了绿道网络规划在城市规划中所担任的重要角色，合理的绿道规划对于构建城市生态基础设施以及良好的人居环境等方面都发挥着重要作用。

除此之外，绿道的建设不能单纯地依靠道路建设和绿地建设的简单结合，而要借鉴景观生态学、生态网络、绿色基础设施等相关理论知识来支撑绿道的建设。这样多种学科之间相互借鉴，使绿道的建设更具包容性、多元性、综合性，也能够更加有效地解决城市中存在的人地紧张、环境污染严重、绿色基础设施不足等问题（蔡云楠，2013）。

（二）国外绿道建设发展

从绿道的发展史来看，美国绿道经历了一个漫长的过程。美国绿道规划起始于19世纪，这个时期正处于公园规划时期，出现了大量公园以及保护区建设，一直发展到20世纪，在20世纪后半期绿道规划已经注定成为新的时代潮流。纵观整个美国绿道的发展时期大致可以分成三个较为明显的阶段，并且每个阶段都具有其代表性的作品。

1. 城市公园运动

出现在19世纪，这一时期具有代表性的作品是奥姆斯特德及其同伴沃克斯共同设计的波士顿"翡翠项链"，这条长16km的公园系统被称为美国最早规划的完全意义上的绿道。波士顿"翡翠项链"如图1-1所示。

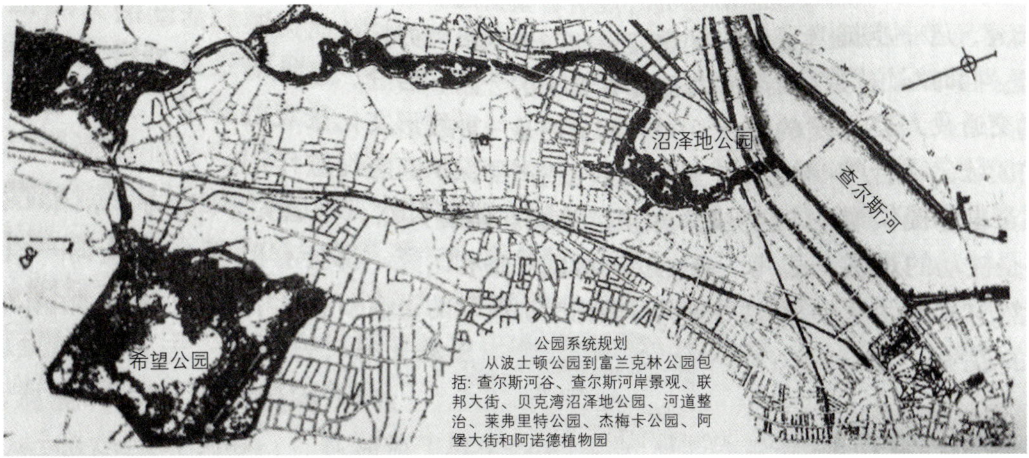

图1-1　波士顿的"翡翠项链"

自此之后奥姆斯特德开始在公园规划中尝试使用公园道的理念，通过公园道将各个公园连接起来，甚至将公园道延伸到居民的社区中去，这就体现了为人服务的理念。从"翡翠项链"的功能来看，尽管当时奥姆斯特德的中心目的是为了起到连接作用，并不是为了实现多功能、多目标的绿道，但我们也不难发现，由于"翡翠项链"的规划是沿马迪河流域建设的，实践研究表明，这条绿道对清除河流的严重污染起到了很大的作用，成为波士顿和布鲁克林之间的一条室外排水通道。由此可见绿道的功能不仅仅体现在对人的服务，还对环境起到了一定的保护作用。

2. 开放空间规划

主要出现在20世纪，从第一时期的规划可以看出，绿道主要是供四轮马车、骑马以及人行使用，随着时代的发展，工业革命的影响，社会不断进步，逐渐呈现出汽车取代马车，自行车取代骑马的趋势，这就迫切要求能够有充足的开放空间供这些交通工具使用。因此这一时期开放空间规划成为主导，也受到了联邦政府机构的鼎力支持。

最先进行开放空间规划的是马萨诸塞州，这一时期的代表人物当属埃利奥特及其侄子查尔斯·埃利奥特二世，这一时期最突出的特征是对自然景观的保护和对植物的保护。埃利奥特在名为"保护植被和森林景色"研究中提出这一时期最著名的规划理论，即"先调查后规划"，这一理论一直影响到20世纪60年代以后的刘易斯和麦克哈格生态规划。

最初这一理论主要体现在波士顿地区的开放空间规划中，后期埃利奥特的侄子应用这一理论规划了波士顿大都会开放空间，这一规划为后期开放空间构建以及保护区规划提供了很好的范本，为波士顿留下了宝贵的遗产（John M，1994）。

3. 绿道规划的出现和兴盛

从1985年至今，这一时期"绿道"一词的出现越来越频繁，并且在1987年美国总统委员会有关户外空间报告中作出的展望可以看出美国绿道开始致力于生态功能的研究，其中最为著名的当属将废弃铁路改作步行道，并且还将已完成的1600km的废弃铁路转型成功案例公之于众，引起了极大反响。据RTC报道，1980年美国还有$2.4×10^4km^2$的废弃铁路，并且绝大部分可以转换为游步道。

同时美国还开始注重旅游开发，在保护环境和开放空间的同时大力发展旅游业，即体现出绿色通道和绿色空间像公路一样便于亲近；在环境不被破坏的情况下旅游收入翻一倍，其中一部分旅游收益作为提升环境质量的基金（Julis Gy，2000）。

从上面美国绿道的发展历程来看，绿道观念从最初的公园道转化为开放空间最终形成绿道，尺度也从城市到大都会最终演变为区域。从功能上来看也从最初的休闲到第二阶段的休闲、保护优美自然景观，最终实现集生态、休闲、审美和教育等功能于一体的绿道系统。

（三）我国绿道建设发展

我国绿道研究起步较晚，一直到2010年《珠江三角洲绿道网总体规划纲要》的颁布，我国绿道才正式被投入正规建设，绿道的发展也进入了一个全新的阶段。通过查阅文献可以将我国绿道发展可以划分为三个阶段（蔡云楠，2013）：

1. 绿道理论引入

1985—2008年，这期间绿道从刚刚引入到成为研究热点话题。这一时期大部分的绿道研究都仅限于理论研究，实践上还没有出现绿道建设。绿道建设重点体现在道路的沿线绿化，并且在这一时期执行功能上还指出高速公路、铁路、国道以及省道的绿色通道主要起到防风固土、美化环境的作用，县、乡一级主要起到改善环境的功能，沿河绿化主要起到保护河流，防风护堤的作用。但是这些绿道还处于小尺度、小范围，结构较为简单，功能较少，从现在的角度来看只能属于某一功能类型的绿道，并不能算作完全意义上的绿道，但是从实际建设情况来看也可以当作我国绿道建设的雏形。

2. 绿道建设初期

2008—2010年，这一时期最典型的代表应当属于我国珠江三角洲地区，一些经济相对发达的地区意识到环境对人们生活的影响，开始探索我国绿道建设的可行性，通过借鉴国外案例并与我国城镇建设现状相结合，致力于寻找最佳的建设方案，最终获得政府的鼓励并开始了珠江三角洲九大城市的绿道建设。

3. 绿道实践及推广期

2010年至今，具代表性的是珠江三角洲九大城市开始进行绿道建设，并本着"生态化、本土化、多样化、人性化"的原则深入挖掘地方特色，构建形式多样，功能齐全的绿道网络系统。省一级还颁布了多项绿道建设标准，为珠江三角洲地区的绿道建设提供了很好的基础。在省和地方共同努力下，绿道建设取得了良好的建设效果，并且省级绿道已经建成，逐渐向四周延伸，目前绿道建设已经全面展开，绿道运营管理机制以及成效机制也逐步建立，广东省绿道建设已经逐渐走向成熟。

在这期间绿道建设开始向全国范围推广，包括山东、福建、浙江、四川、湖北、广西等地，纷纷效仿广东省开展本地的绿道建设。随着我国社会经济的发展，绿道建设已经走进中国，并在各个省市得到广泛开展，绿道已成为各个生态城市建设的重点内容，这意味着绿道建设应该得到更加深入的研究。从目前的研究角度来看，绿道建设大部分从分级的角度来考虑，建设从省级到社区的网络系统。各个层级的绿道建设还需要明确的分类，因此构建更加完善的绿道分类系统对于我国绿道建设具有重要意义。

从20世纪90年代开始，绿道逐渐成为各个领域的热门话题，包括景观生态学、生态学、城市规划与设计、景观设计等，这种研究热潮被称为"绿道运动"（李昌浩，2005）。随着社会的发展，各领域的学者对于绿道规划的侧重点不同，从国内和国外两个方面对绿道近年来的研究动态分析，分别从国家层面和学科领域层面分析其绿道建设中的研究侧重点，以便更好地了解当前绿道的发展状况。

从国家层面来看，美国绿道注重的是绿道所带来的经济效益，通过符合功能的绿道建设，刺激经济增长。例如，美国东海岸绿道（East Coast Greenway）作为户外多功能绿道每年为绿道的沿途各州带来巨大的经济收益，同时也带来了巨大的社会效益和生态效益。

英国绿道更加注重空间的利用，试图通过绿道为居民提供更大、更广阔的开敞空间，将绿道作为提升开敞空间的关键，并通过构建绿道生态网络，解决居民城市生活拥挤的问题，同时也充分体现出绿道在扩大空间、保护城市生态结构中的重要作用。

日本绿道较为注重对河流的保护，其大部分绿道是沿河流分布，并且通过河流绿道将日本区域内的名山大川、风景区以及农田村庄串联起来，更是将农业观光作为绿道发展的核心，大力发展农业大地景观观光项目，构成集观光、采摘、旅游于一体的绿道网络，同时也为日本带来了巨大的旅游收益。

新加坡绿道更多注重的是公园景观的串联，致力于打造花园城市，并且将外围的区域绿色开敞空间同城市开敞空间构成畅通的、无缝连接绿道。这为高密度的城市建成区提供了更多可供人们尽情休闲娱乐的空间，创造出城市如在花园中的感觉。

从理论研究层面来讲，学者分别从不同角度对绿道进行研究，包括景观生态学、生态学、城市规划等多学科多角度研究绿道。从研究方向来看，大多从绿道的起源和发展、绿道的引入、分类、功能、网络等角度出发对绿道进行研究。近几年，由于我国多地开展绿道运动，研究方向又有一部分针对绿道实践评价以及对方案的分析。

三、慢行道的发展

（一）慢行道发展历史

慢行道在发展过程中，从最初的疏解城市交通系统压力，倡导绿色出行理念，作为城市交通系统的重要补充部分出现，更多的是在交通功能性系统上的研究和实践，而慢行交通系统的发展无疑在一定程度上减少了能源的消耗，消减了城市尾气污染，是城市走向低碳环保可持续发展的必经之路。然而随着城市的进一步发展，建设者无论是在理论方面还是在实践过程中都从开始单一地注重通勤功能转而开始注意到休闲慢行道的景观、休闲游憩功能、生态保护功能等复合功能。

休闲慢行道在发展过程中，按照不同功能主要可以分为以下两个方面：

1. 通勤性慢行道

通勤性慢行道是以缓解城市交通压力、减少城市机动车尾气排放、倡导市民绿色出行理念为出发点而形成的一种慢行道类型。其表现形式主要是步行和自行车以及其他低速环保型助动车（最高车速不超过20km/h且噪声较低、制动良好）的出行方式。慢行通勤一方面作为城市短距离出行的主要交通方式，另一方面依托城市其他交通线路，作为公共交通的补充，对通勤效率有着比较高的要求。因此，其规划设计宜尽量保持线路顺直，以保障慢行交通出行的通达性、安全性和舒适性为首要建设要点。

2. 休闲性慢行道

休闲性慢行道结合了城市景观游憩功能，肩负着为周边居民提供休闲游憩户外场所的作用。一方面要满足人们日常生活中散步、骑行的要求，另一方面要注意和其他绿地系统之间的连通性以及自身系统设施的完备性，构建一个环境友好宜人的慢行道。休闲慢行道对通行效率上的要求较低，更注重慢行道路的活力和趣味、人们的使用感受，以及场所本身的景观游憩性。休闲慢行道更加注重慢行道空间上景观要素的选择，比如植物的净化空气、降低气温、调节湿度、减少噪音方面功能的选择，及其在城市其他绿地系统间是否能起到生态连通、环境保护等方面的作用。慢行道植物的合理配置在一定程度上可以改善自身慢行空间内的小气候，甚至对整个城市的生态平衡起到积极作用，促进生态、低碳城市的发展。

休闲性慢行道相关研究主要集中在慢行道的选线、慢行景观营造、慢行设施满意度等方面。

（二）国内慢行道实践发展

慢行道在我国的相关实践，最早开始的城市为杭州市，杭州通过学习国外成熟的城市慢行道建设经验，结合自身情况，规划建设了总长1130km的廊道网络（姜学锋，2008），并建立了滨水慢行道将各个河道的景观进行规划整理，以西湖景区为滨水慢行的依托，打造了环湖慢行道，与其他步行游览道路共同构成了游览慢行道。之后不仅南方一些城市进行了实践研究，一些北方城市也纷纷利用部分街区的原有道路进行改造，建立了城市慢跑路、骑行路等，许多市民会在这些道路上进行慢跑等低碳健身活动。

之后我国许多城市对于城市慢行道建设也做了诸多探索，比如大连市在2015年3月启动了慢行道规划，规划目的主要是针对性地提出城市慢行交通建设策略，同时大连市在规划时也比较注重休闲慢行道，如滨水景观栈道、登山步道、健身步道、骑行绿道的建设，意在改善人居环境，彰显北方滨海名城的独特魅力（隽海民，2018）。厦门市慢行道的构建主要依托的是山、水景区生态廊道，整体以市区为中心向外呈网状发散，由步行和骑行两大系统构成（史志法，2018）。随着实践的深入，有人提出在建设城市慢行交通系统时，不仅要考虑线路的选择和规划，同时还应考虑相应服务设施的配备。如苏州等地在倡导慢行交通的同时，在道路上设置了公共自行车租赁站点鼓励人们使用，更加合理高效地利用公共资源（李海峰，2013）。慢行道是目前城市居民短距离出行的主要方式，同时也是人们利用慢行工具进行锻炼、休闲的重要方式（吕晶，2010）。

　　而后随着人们观念和需求的转变，许多景区意识到游人绿色慢行的需求，相继开始在景区内丰富景区慢行路建设类型，建设骑行路、慢跑路等。如广州沙面景区，不仅在景区内建设了完整的慢行道，同时还在景区内增设了公共自行车租赁点和停靠处，让一些自身没有自行车但是又想进行骑行游览的行人可以自行选择公共自行车。景区内的自行车均利用APP租借方式，定位、支付为一体，还有专门的人员定期进行维修，以确保游人可方便安全使用。杭州的西湖景区每年都会吸引大批游客前来，景区内的慢行道不仅为游客提供了舒适游览体验，同时也为当地市民平时的户外休憩活动提供了良好的场所。

　　上海的滨江慢行道充分依托当地地形，利用行人视线特点，营造步移景异的效果，并规划不同的主体分区，打造与多种滨江特色相结合的景观风格（吴涵，2018）。

　　北京的许多公园已经开始建设完备的慢行道系统，公园内包含有骑行道、慢跑道、步行道等满足不同游憩需求的多种类型慢行道，且配有相应的服务设施和标识系统，慢行道两侧景观丰富、季相分明，游憩体验感较好（图1-2至图1-4）。

　　目前国内景区内慢行道的设计与建设还并未达到系统性、科学性，未来景区慢行道的规划设计理论方面还有待加强。

图1-2　东郊湿地公园慢行道

图1-3　顺义新城滨河森林公园慢行道

图1-4　永定河休闲森林公园慢行道

（三）国外慢行道实践发展

国外许多国家对景区慢行道的建设都有一定的实践经验，主要都是本着以人为本的原则出发，为人们提供更好的慢行交通设施和环境。许多欧洲国家对自行车慢行交通系统的建设已经相对完善，其中比较典型的城市哥本哈根可以称得上是自行车王国，其经常使用自行车出行的人数约占总人数的36%（老海，2015）。作为一种低碳环保的出行方式，慢行道的建设符合各个国家降低能源消耗、生态环保、节约资源等各方面的要求（刘宇，2017）。

加拿大的史丹利公园，内部建设有长8.8km的慢行道路，不允许机动车通行，道路均为2m宽。一条用于自行车骑行，一条用于行人慢跑或者步行。两条道路相隔很近，但利用高差设计使得区分明显，且有明确的标识提醒两条道路上的使用规则，限制不同人群使用。公园内部还设置有专用的自行车租赁点，方便游人自行选择。在整个慢行道路两侧还设置了宠物上厕所的区域，为一些遛狗人群提供了人性化设计，同时保证了园区环境卫生，是目前加拿大公园慢行道建设中比较好的。

景区慢行道作为城市居民主要的休闲游憩场所、景区风貌的重要名片，与人们的生活密切相关。随着人们对户外慢行游憩场所需求的增长、对建设质量的要求不断提高，研究景区慢行道对提升城市绿色开放空间建设质量、宣传城市历史文化底蕴、科普生态文化知识等方面有重要意义。

随着国内外对慢行道研究的深入，我国对景区慢行道的理论研究逐渐转向基于游客使用体验分析而进行详细的规划设计方案研究，同时对景区慢行道的系统性建设更注重可操作性，根据景区自身情况分析具体问题。景区慢行道评价指标的构建将成为以后的研究趋势，因其对景区慢行道的建设质量尤其重要，有助于最大程度上发挥慢行道的集散、交通、生态、休闲、教育等方面的功能。

第二节　休闲慢行道理论研究

一、绿道相关理论研究

（一）国外绿道相关理论研究

有关国外绿道相关理论研究主要集中在绿道规划的思想及方法、生态保护、景观游憩、历史文化保护等方面。

1. 绿道规划思想及方法研究

Turner从人的需求角度出发，认为绿道的建设必须融入城市规划中来，探讨了城市绿道应该是由不同类型及功能的道路共同构成的（Tom Turner，1998）。Miller等人利用适宜性法，用 GIS 分析研究了美国亚利桑那州德河谷镇的绿道网络，从河流廊道保护、生物保护和休闲游憩三个方面进行评价，通过数据的整理、叠加得到绿道适宜性分布图（Miller Collins，1998）。Dawson对乔治亚州1976年公布的绿道网络进行研究，对绿道的内在价值、外在价值和受胁迫程度三个方面进行综合评价，从而得到一套完整的绿道评价体系。Erickson将威斯康星州和安大略省的新旧绿道进行比较分析，表明绿道建设是城市规划的重要组成部分（Kerry Dawson，1995）。

2. 绿道的生态保护性研究

20世纪末，保护环境的理念日益受到重视，学者们将研究重点投入到绿道在生态保护功能上所发挥的作用，更多的关注生态绿道在设计上应用的理论与实践方法，以及对生物多样性保护的意义。Foster等对乔治亚州的沃尔顿（Walton）地区进行了生态敏感度评估，并把这些敏感区域通过绿道连接起来（Foster mdubisi，1995）。Sinclair（2005）等的研究表明绿道的建设会影响种群的分布范围，主要的影响因素有绿道宽度及植被覆盖度。Miller在研究中发现绿道的线路设计对于生物保护有重要作用，尤其是中小型的哺乳动物，它们通常会沿着绿道的线路迁徙（Miller，1998）。如今，欧洲大多数绿道建设的目的多在保护生物多样性，Jongman

就对欧洲的绿道生态网络进行了从概念原则再到实施立法的全方位概述（Rob，2004）。

3. 绿道的景观游憩性研究

Furuseth和Altman（1991）对罗利市（Raleigh）的四条绿道进行了深入的调查研究，他们发现大多数绿道的服务对象是周边居民。Gobster（2005）调查了芝加哥市区内不同的游憩绿道后发现，绿道与使用者居住的距离能够直接影响绿道的使用格局，因此将绿道划分为地方级、区域级和州级三类，并提出了应该利用游憩绿道构建城市的基本框架。Lindsey针对印第安纳波利斯（Indianapolis）城市绿道的使用性能向人们进行了调查访问，研究表明游憩道的使用水平、使用格局、使用强度以及利用方式都与其所处的位置和绿道本身的特性有关（Grey Lindsey，1999）。Asakawa（2004）等以日本札幌绿道系统为研究对象，从游憩用途、使用情况、卫生状况、绿道景观、安全性五个方面研究分析了人们对于绿道系统的感知。Shafer等（2000）对美国得克萨斯州的三条绿道进行了调查研究，以了解绿道在改善当地居民生活质量中所发挥的作用，在此基础上指导绿道的更新工作。Tzolova（1995）对沿河绿道的游憩性和其独特的景观特征进行研究，认为河流典型的美学特征有助于绿道网络的规划建设。

4. 绿道的历史文化保护性研究

随着时代的变迁，文化资源从早期的视觉资源评价中的一部分变得更加多元化，绿道的建设愈加重视其承载的文化魅力，历史文化景观作为设计中的关键要素，也逐渐成为绿道研究范围内的重要内容。Lewis Phillip（1964）的研究最早开始认识到历史文化资源在绿道建设中的重要性，他将绿道的规划与历史文化保护相结合，并提出了环境廊道的概念。Julius Fábos（1991）的研究指出具有历史文化价值的资源通常沿着河流、山脊、海岸带分布。之后，美国国家公园管理局提出了"国家遗产廊道"这一概念，越来越多的绿道规划开始关注沿线的历史文化资源的保护与利用，在发掘绿道潜力的同时也赋予了其独特的文化魅力，对于提高绿道的吸引力有着积极作用。

（二）国内绿道相关理论研究

我国"绿道"首次较为系统的出现，是在1992年叶盛东发表的《美国绿道简介》中，该文章分别从概念、功能、实践、效益和管理规划方法上对绿道进行了简单的介绍（叶盛东，1992），但并未深入到本质。直到2000年张文和范闻捷发表了《城市中的绿色通道及其功能》，绿道才在中国开始正式推广（张文，2000）。从我国目前的绿化建设方法上来看，现阶段的城市绿化还停留在策略性的指导上，很难做到灰色空间与绿色空间的融合，随着城市职能的转变，城市规划也应向服务型转化，有必要对城市的绿色空间进行系统规划，而绿道网络规划正是一种将城市中原本分散的绿地资源进行整合的规划方法（陈爽，2003）。除了绿道本身所具有的生态、游憩和文化价值外，它还能够带动一定区域范围内的经济增长，这使得绿道的建设能够实现可持续发展（罗琦，2012）。

随着城市的发展，老城区作为城市的重点保护与改造对象被给予了越来越多的重视，各种改造方案也不断涌现，但是仍然难以解决现有外部空间与现代功能需求之间的矛盾（芦浩，2012）。因此很多学者对老城区绿道网络在生态保护、休闲游憩、历史文化保护等方面的特性进行了研究。

1. 基于生态保护的老城区绿道网络规划研究

老城区内绿地由于旧有的城市规划格局，大多都是以斑块的形式分散在城区中，尽管新规划出台后这些斑块在数量上有所增加，在质量上有所提高，但是破碎化的本质却没有改变。通过绿道网络将这些破碎的斑块连接能够加强城市的生态网络建设，形成完整的城市生态体系，有效地发挥其生态功能。有研究表明，绿道网络的闭合度越高、连通性越强、网络连接度越大、使用频率越高，其对生态保护的意义就越明显（谭晓鸽，2007）。在老城区绿道网络规划的过程中，可以运用生物多样性原理，因地制宜规划植被种植，建立季相色彩相宜、层次结构合理、与周围整体环境相协调的植物群落，优化景观格局（余雪琴，2008），为市民提供优质的生活以及休闲娱乐空间。

2. 基于休闲游憩的老城区绿道网络规划研究

随着人们对城市灰色空间的厌倦，渴望亲近自然的需求极大促进了绿道的发展，绿道所串联的公园、景区、河岸休憩地等绿色空间满足了居民日常活动的需求，大大提高了设施的可达性、利用度以及社区的宜居性，有条件为不同背景的人群提供不同的休闲方式，因而对绿道休闲游憩功能的研究也愈发深入（张笑笑，2008）。从休闲游憩的角度出发构建老城区的绿道网络，首先要对城区内现有的景观游憩资源进行整合分析，对现有资源的稳定性与合理性做出准确评价，整合城区范围内分布不均衡、离散型的自然及人文资源，建设连通度较好的绿色生态网络系统（李贺，2013）。基于休闲游憩功能的绿道在建设的同时也要考虑到不同特征和定位在具体设计上的差异，苏北（2013）基于广州老城区绿道规划，划分出滨河式、发散式、巷式、通行式四种类型人文绿道，提出了人文绿道规划与建设管理意见。田逢军等（2009）对上海市游憩绿道进行了分析，充分结合绿道所处的环境及连接的资源，针对河流型、道路型和绿带型三种绿道分别进行了详细设计。

3. 基于文化保护的老城区绿道网络规划研究

现在许多老城区的发展都面临着现代建设与历史文化特色延续的矛盾，营造新旧相融且和谐统一的景观成为目前旧城改造的重点。绿道网络将文化与自然资源串联形成遗产廊道，这一整体的意义大于组成它的各部分总和，既保护了有形的文化遗产，也推动了文化的研究与传播（苏北，2013；李伟，2005）。张兵在研究太原市的历史保护规划实践中提出了"整体保护"这一概念，强调自然环境与城市文脉的相关性，体现在历史、区域、文化、功能等多种要素的重叠（张兵，2014）。时萌（2015）将城区保护相关规划与历史文脉型绿道相结合，并对济南市老城区内的文化景观、遗产区域进行调研，经过评定提出了济南老城区绿道的构建方式。余菲菲等（2016）结合宜昌现有的旅游线路、水系廊道、景区周边辐射连接的相关文物保护单位，初步勾勒出了历史文化型绿道建设的基本思路和方向。周盼等（2014）应用阻力模型和多因子叠加法对丝绸之路中的文化线路进行可达适宜性分析，并用加权法得出评价结果，从而确定了绿道的选线。

4. 城市复合型绿道网络规划研究

城市绿道网络通常不会单独服务于某一项功能，其自身也不可能脱离于城市其他建设要素。就南京市下关区老城空间布局杂乱、生态环境破坏严重等问题，赵健等（2013）整合各类景观资源，提出了"路网＋水网＋绿网"的复合绿道网络系统。张鸽娟等通过对西安老城区的绿地分布、交通系统布局、历史文化遗产分布等现状要素进行分析，提出将规划中的绿色廊道、慢行道以及雨洪调蓄网络进行复合叠加，形成以绿道网络为基础的复合型城市网络系统（张鸽娟，2017）。隋玉亭和周玮明（2016）指出当前中心城区绿道建设存在方式单一、重形式轻功能、不连通等问题，针对宜昌市中心城区绿道规划实例，从绿道选线、廊道控制、交通衔接、节点设计、实施落实等方面提出规划设计方法对策。

二、休闲慢行道相关理论研究

休闲慢行道建设理念意在为人们提供慢行活动空间支持，给人们绿色出行、休闲游憩提供多种方式。慢行系统主要包括道路、景观以及一些软硬件附属设施（施旭栋，2010）。一般情况下慢行活动中的主要交通工具为自行车、滑板、轮滑等非机动车辆。因此，慢行系统的主要交通方式为步行及所有慢行非机动车两种（云美萍，2009）。慢行系统有助于营造和谐人居环境，同时满足不同游憩者的个性化需求。

（一）慢行系统的主要发展历程

1928年亨利·赖特正式提出"雷德伯恩体系"，该体系中以树状道路以及端路结构为基础的道路分级系统，创造了首个平面人车分离模式，为慢行系统的发展奠定了基础。

1929年英国霍华德提出的"田园城市"理论中包含街道设计形式、游乐街道等级的划分、通过等级划分来区别其主路、次路等。不同的街道在宽度、铺装材质以及各项设施的营造上均有所不同，并对道路交通安全问题进行了深入思考，也是最早提出关于机动车和非机动车在道路交通上进行划分（赵晶，2012）。

20世纪60年代，布恰南在当时机动车为主要出行工具的背景下，提出非机动车环境也非常重要，而实行人车分离可以让步行和其他非机动车的人们不需要时刻关注机动车道，同时能够随意进行休闲交流活动，感受空间环境，为后续慢行空间景观环境研究打下基础。

1990年彼得·卡尔索尔提出了新城市理论，该理论倡导公共交通，提出了以公共交通站点为中心向外延伸600m或步行5~10min距离为半径的城市发展模式，被认为是城市慢行系统规划的理想模式之一。这个模式可以将整个城市布局变成一个网状慢行道，使得系统本身功能更加完备。

1994年加拿大克里斯提出绿色交通概念旨在为缓解城市出行压力。国外许多国家出台了相应的规章制度，要求一些政府官员选择绿色交通工具出行。据统计，当时市区常住居民80%以上都拥有一辆自行车，且利用自行车出行的比例可占到所有交通工具的1/3（Byrnes J，2002）。此后，国外慢行道的研究也主要集中在城市道路上为更多的市民提供便捷的出行条件、多样的出行方式（刘宇，2017）。

20世纪末期开始，各个国家的学者们也都纷纷对于城市慢行道进行了不同角度、不同层次的研究，如简·雅各布斯在城市街道设计中强调了步行空间的设计应多样化、人性化。德国对城市安全环境问题进行了深入研究，通过多项措施来限制城市机动车的数量与速度，建立新型的交通和速度管理方法，保障慢行交通的安全性，进而提升慢行交通出行比例。通过对机动车进行限速，来倡导人们转变观念以及出行方式，选择更加低碳环保的慢行出行方式，或选择搭乘公共交通（刘涟涟，2010）。此外在城市交通层面上，包括城市路网的规划布局，以及营造良好的出行环境，增强道路行驶安全等都有相关的研究。随着研究不断深入，针对慢行道的研究逐渐呈现从宏观到微观的研究趋势，研究内容也越来越多元化，并在研究过程中更加注重对人性多样化需求和城市生活便捷等多方面的探讨和反思。

之后许多学者对慢行道的研究不再局限于依托交通系统的通勤性慢行道，开始转向城市当中其他公共空间中的慢行道建设，如CBD地区、居住区、校园、休闲景区、城市公园等公共绿色空间中慢行道的慢行特征、环境品质、自然或人工环境特色、历史文化、生态保护等方面的研究。

（二）国外慢行道相关理论研究

国外慢行道理论研究主要集中在选线、游步道和自行车道三个方面。

1. 慢行道选线研究

美国是研究游憩资源、发展公园旅游较早的国家，其中有不少学者对于游憩线路的研究方法主要是利用GIS技术。随着GIS技术的运用日渐成熟，逐渐在景观设计、生态保护等规划设计方面也开始更多依靠GIS技术给予一定的矢量数据支持。

如美国一个大学教授利用GIS技术对美国密歇根半岛东部进行了景观类型分析、景观变迁历史分析，并对其线路进行了重新规划，利用GIS数据定量计算得出了更有科学依据的线路规划（Boyd S W, 1996）。

另外，也有一些学者对旅游资源的规划设计进行了适宜性评价，也是首次在相关规划设计方面引入评价体系的研究方法。有人以美国科罗拉多州为例，利用GIS强大的空间分析功能，对该区域的旅游线路作了整体规划（Moertherg U，2010）。由此可见，GIS技术在对游憩线路的规划和游憩资源的开发上有着至关重要的作用（Culbertson K，1994）。

同时，随着慢行道研究的不断深入，国外许多城市的慢行道建设情况也逐渐成熟，人们逐渐将目光转移到了游憩空间的慢行道设计中来。有学者曾经针对景区内游憩者之间的人际冲突问题进行过相关研究，发现不同游览方式的游人在景区内可能会产生一些矛盾和游憩冲突等问题。因此，提出在景区内不仅要按照景区资源特质来划分游览主题区域，还应按照不同的游人类型，如机动车通行者、非机动车游憩者以及步行者三类，进行游览线路的划分，这样可以有效减少游憩冲突的产生，并保证游憩者的出行安全（奥布里·D·米勒，2017）。还有用调查问卷的方式，收集游人的意见和建议，利用游人体验感受打分结合地理信息系统（GIS）的建模方法，以分析各个游览线路上对游客的吸引程度和资源环境情况，从而进行线路网络的优化设计，最大限度降低游憩冲突，其结果和方法不少学者认为有一定的借鉴参考作用。

总体而言，国外对于慢行道选线上的研究主要方法是GIS数据分析法、评价体系打分法、游人体验感受打分法。

2. 慢行系统中游步道研究

游步道是景区串联各个景点的重要纽带，指引路人交通的重要载体，是景区慢行空间的主要组成部分。游步道功能多样，如组织游人交通、安全保护、科普教育等，国外对于游步道的研究开始较早，研究内容多样且比较完善，取得了一定的成果可供借鉴。

20世纪90年代后，随着人们对于户外活动需求的增长，美国相关的国家机构开始注意到户外游览路径的建设，相关部门制定了国家游径的统一标准和规范。有关部门通过调查研究，站在游人使用的角度，分析了道路规划设计基本构成要素，如游步道的基础设施建设、人为影响、铺装、宽度、转角等（Ellen Eubanks，2004）。

之后也有不少学者对不同的设计要素进行了针对性的研究，从设计原则要结合景观美化、生态保护、人性合理，到具体设施的放置，不同类型景区需要注意不同的重点问题，通过相关案例分析进行了深入探究，给出了步道的使用、设计趋势和自己的相关看法（Lucas，1985；艾伯特·H·古德，2003）。也有学者站在游步道使用者的角度，分析了他们对游步道的使用态度，从而为游步道的设计提供使用层面的衡量标准（Lucas，1971）。国外许多公园的游步道设计注重游憩的同时，越来越注重科普宣教的功能，根据公园的特色资源情况，来进行科普标识系统的构建（Force J E，2002）。由此可见，国外的游步道研究越来越注重使用者的体验，以及游步道功能全方位体现方面的规划设计。

3. 慢行系统中自行车道研究

随着低碳出行理念在各个国家的兴起，自行车逐渐发展成为人们出游的重要工具（李翔，2014）。骑行游览的概念逐步被人提出并得到发展，国外很多相关学者对此开展了自己的研究，Simonsen 和Jorgenson（1998）首次提出并界定了自行车旅游的定义。

在欧洲，自行车旅游受到了各个国家民众的广泛喜爱，许多国家致力于打造景观优美、设施齐全的骑行旅游路线，如波兰、丹麦和瑞典三国的骑行旅游路线，设计目的主要是为了给户外游憩者提供新的、健康的休闲方式（Marcussen，2009）。除此之外，还有一些学者致力于自行车骑行对身体健康影响方面的研究。美国有学者在研究人体机能与健康时发现，适当合理的骑行运动可有效减少其他运动所产生的膝盖关节前交叉韧带和髌骨软骨的损伤（Bini，2010）。由此可见，国外对于自行车道的相关研究，主要集中在骑行路的景观、骑行运动健康和旅游等方面。

三、国内慢行道研究现状

从2002年开始，有一些学者对慢行道进行了相关概念界定的尝试，认为慢行道主要是为慢行者的出行创造更加舒适的环境和保障（李得伟，2006）。近年来，随着城市人口增加，交通压力增大，人车矛盾日益严重，人们开始希望有更加多样化的出行方式可供选择。随着共享经济的发展，共享单车应运而生，且在推行过程中受到广大青年的喜爱，越来越多的人选择使用共享单车作为出行的代步工具（梁忠让，2017）。

国内慢行道规划大都是以城市中的交通慢行道路为主要研究内容，忽略了城市绿色空间下的慢行道也兼具重要的游憩作用。一些学者以自行车作为非机动车交通主体出发，探讨了城市慢行道路系统中自行车道建设方面存在的问题，旨在为人们打造更好的绿色慢行出行条件（曹继林，1995）。也有学者通过一些建设案例的分析，得出了自行车交通系统长期以来存在的现实问题，提出了自行车交通系统的规划建设要点和构想，以及步行系统设计要点和方法等（王璐，2001；王秋平，2005）。对于一些山地城市来说，慢行道的建设更加不可或缺，可以起到疏散、提高公共空间利用效率的作用（阎波，2018）。无论是何种形式的慢行空间设计都是城市发展过程中的历史、文化累积，体现着当地无可取代的地域特色（刘艳，

2013）。

总体来说国内关于休闲性慢行道的研究主要集中在：选线研究、游步道、自行车道、标识系统、慢行景观、游客体验感受以及评价体系这几个方面。

1. 选线研究

相关学者针对慢行道选线问题进行了探讨，利用实地调研、问卷调查，结合GPS、GIS技术，针对不同游人的游览心理，就如何选取景区最佳游览路线给出了自己的思路和方法（林继卿，2010）。目前国内有关景区游步道的选线研究方法主要是通过GIS技术分析，结合使用者的态度，以及场地资源现状等情况进行综合分析（吴越，2012）。

通过整理文献不难发现，慢行系统内的道路设计都是本着生态性、科学性的原则，首先根据景区资源现状进行选线研究，确定线路规划以后对步道自身景观进行合理规划，主要从植物配置和配套设施方面进行具体设计，充分发挥步道的交通、科普等功能。最后通过景区游客量的分析进行游步道宽度和坡度的设计，以及铺装材料的选择，力求给游人提供更加多样化的选择和舒适性的体验感受。

2. 游步道研究

慢行路主要分为两大类，一种是只供游人步行的游步道，一种是可供骑行者休闲健身的自行车道。由于道路类型不同，使用者需求不同，在慢行路的构成要素和设计要点上均有所区别。

早在2003年便有学者提出了游步道的创新型设计思路，其设计原则主要是以生态保护、历史传承为先，在美景观赏性和道路的可达性、便捷性基础上，提出了不同区域景观空间设计要点，丰富游览者的游憩体验（李瑞冬，2003）。道路设计要充分结合当地的地域、人文资源特色，成为传承当地文化的一种重要手段（邓炀，2008）。还有人以一些古村落为案例进行分析研究，提出景观资源保护的原则、具体方法，如路面的选材、道路坡度、道路宽度等，为游步道设计中的景观保护提供了思路（黄毓民，2003）。

除了对慢行道路的研究之外，还有不少学者针对慢行道沿线的植物配置问题进行了分析研究。有人以深圳公园游步道为例，研究探讨游步道周边的植物选择和植物配置。分析芳香植物对游览者特殊的五感体验、康养作用等，并提出了设计思路，对于其他景区的游步道周边植物景观设计，植物类型选择上有一定的借鉴意义（谢佐植，2005）。

随着游步道相关设计研究的深入，许多学者开始从游览使用者的角度出发，将游客体验作为设计研究的主要内容，探讨如何提升游客游览体验的设计方法，（李沁，2006）。之后便有人对游步道的功能价值以及相关规划设计理论体系进行了构建，由于游步道的设计最终还是要落脚于游人使用，因此设计理念应该本着以人为本、生态优先的原则（朱忠芳，2009）。还有学者通过一些具体的公园景区作为案例分析，总结了游步道人性化设计的具体思路（吴明添，2013）。

3. 自行车道研究

由于自行车骑行本身所具备的速度以及线路的特殊性，设计慢行系统中的自行车道景观与游步道景观会有所区别，同时在线路沿途服务设施的设计上也有不同。但整体而言，对于线路两侧景观设计的重点都是希望可以提供给游客更多的户外旅游乐趣（万亚军，2008）。

近年来越来越多的学者针对国内景区慢行系统中的自行车旅游进行了研究，有人以西湖景区、西溪湿地景区内的慢行线路为例，提出了具体的优化措施，主要从自行车沿线服务节点的设置、通道和网络的建设两方面进行优化（罗成书，2011）。有人以西安古城墙的自行车骑行为例，对其自行车旅游专用车道提出了采用双向行驶的建设理念，从而有效保证行驶通畅和行人安全，并修建自行车停靠休憩等服务设施，完善景区配套设施，体现了科学合理的人性化设计（李新春，2008）。

目前，自行车旅游还不够普及的主要原因之一是公共自行车使用在景区的应用还不普遍，许多游客驾车或其他交通工具到达景区后，由于景区不提供公共自行车所以导致一些想进行骑行游览的游客，缺乏交通工具而被迫放弃该种游览方式。还有一些学者分析了目前制约骑行旅游方式的因素，从路线、服务设施方面，结合GIS技术进行了详细研究，对景区内的骑行道路建设有一定的参考价值（袁姝，2007）。

不少学者针对具体的景区自行车慢行道路进行分析并提出了优化方案，研究同时比较注重骑行者的体验感受，结合景区游步道的研究现状，景区内的慢行道研究虽然已经涉及慢行道的各个构成要素，但是系统性较差。越来越多的学者也注意到这一点并开始了以慢行道为整体的系统研究，力图构建完整的景区内慢行系统，从而提升景区的整体质量，提升游客游览体验感受。

4. 标识系统研究

慢行道中的标识系统是使用者直接了解慢行道线路以及慢行空间环境、文化等概况的重要工具，兼具科普教育、警示指引等功能，尤其在景区中的慢行道，随着景区慢行道建设质量的不断提升，广大学者越来越注重解说标识系统的建设。景区内常见的标识解说系统是以标识牌为载体，主要类型为五大类：景区形象类标识、景区介绍类标识、景区指示导向类标识、景区警示类标识。

许多学者针对不同景区进行了标识系统设计的相关研究，从发掘当地特色出发，结合生态美学原则，具体对不同类型的标识牌进行设计，同时提出标识系统设计完成后可先制成样品让公众参与评估打分，征求民意，根据反馈的意见进行调整和修改，这样可以使标识系统更加符合游人心理需求（钟林生，2000）。还有学者针对自然保护区内的科普标识系统设计进行了研究，指出目前我国保护区中的标识系统设计中存在的问题，如保护区的标识牌体系不完整，会降低保护区科普标识的教育价值，完整的标识体系有助于游客方便快捷地完成游览活动，同时提高旅游体验和质量（吴希冰，2007）。

有人对西湖景区的标识牌建设进行了实地调查和初步研究，向游客发放调查问卷，了解景区内的标识系统对游客活动是否会产生影响，哪些方面会产生影响，广泛收集游客意见、建议并对其进行分析总结，大部分游客表示经常会看景区标识牌上的内容，同时会起到一定的指示、约束等作用。由此可见，景区内的标识系统对游客体验方面还是比较重要的（张建国，2007）。

5. 慢行景观研究

有学者提出慢行系统中慢行路本身所包含的景观元素有：慢行道的形态走向、空间尺度、慢行道路面的铺装材质，以及图案造型等。构成景观的外部要素有：慢行道两旁的绿化植物、景石造型、周围建筑、水体及人的活动等。也就是说，慢行景观既包括体现城市历史、文化、自然风光等自身特色的物质景观，同时包含慢行主体即人的活动所构成的人文景观。

许多学者还在慢行景观营造上有诸多探讨，杨树英认为慢行景观应该保持整体统一的风格、色彩及造型设计，同时还要有生态的绿化景观以及对应的公共配套设施等，从而形成城市景观链，使得慢行道本身在生态、功能、景观上达到和谐统一。提出慢行道应以人的需求为重点，根据不同的使用需求来规划公共设施的分布，丰富城市的景观内涵，增进慢行景观的多元化。张文婷、姚瑞等则提出为满足使用者的不同需求，慢行系统的景观应该是丰富多变的，对其慢行空间、沿街界面、人行通道及铺装、绿地景观、配套设施等都应该有不同的设计准则，并且因所特有的"慢行"特性，其设计也与城市机动车交通规划系统大不相同。

6. 慢行道的评价研究

目前国内关于景区内慢行道的评价研究还比较少，只有少数学者对慢行道中的游客体验评价，解说标识系统的评价进行了研究。

有人对西湖景区慢行道进行了游客体验评价研究分析，以问卷调查的形式选取了涉及慢行道的31个指标，最后利用这些体验要素对不同时期不同类别的游客进行了慢行道体验调查，分析结果给出了慢行道的优化对策和建议（胡喜含，2011）。还有学者对一些国家森林公园的标识系统进行了相关评价打分，主要采用问卷调查的方法，从游客对解说牌的重要程度的认知、游客社会特征对标识牌的需求之间相关性、游客对标识牌的满意程度三个方面进行研究。调查结果显示大多数游客认为景区内有标识解说牌是很有必要的，不同性别的游客对于标识牌上的字体以及美观方面有不同的需求等（丁素平，2008）。目前对于标识系统地研究还处于初级阶段，只对标识的影响作用以及一些科普作用进行了研究，还未深入系统研究标识系统整体的价值，各项构成要素之间评价打分体系的研究也有待加强。景区标识系统评价指标体系对于景区建设有重要的理论指导价值和实践意义，未来应更深入进行相关研究。

第二章
绿道分类探析

第一节 绿道功能

一、绿道功能发展

随着休闲慢行道的发展，慢行道中的绿道所执行的功能也得到了越来越全面的诠释，从最初的美国绿道之后的欧洲绿道、日本绿道、新加坡绿道、中国绿道，不同国家和地区不同时期的绿道，其功能性质也呈阶段性发展。

（一）美国绿道

美国是绿道的发源地，最早期的绿道理论也是在这里形成。从美国绿道发展的三个阶段来看，绿道建设在概念、规模、执行功能以及研究方法等方面都有所不同，美国绿道已经从最开始的公园之间的简单连接发展到后来的多功能、多目标的绿道网络系统（张笑笑，2008）。从功能角度探究美国绿道发展的三个阶段：

1. 单一功能休闲游憩道

1867—1960年，美国绿道的开端是由奥姆斯特德设计的伯克利分校绿道，将山谷融入校园并通过公园外的道路将校园与城市联系起来，并在沿途布置优美的风景（克·林德胡尔，2012）。随后由奥姆斯特德同其伙伴共同设计的波士顿"翡翠项链"（图2-1），通过绿道将各个大型公园联系起来创造了环波士顿半圆的绿道。这一时期的绿道主要由绿道和绿色空间组成，目的是为居民提供游憩娱乐的场所，其发挥的主要功能体现在休闲游憩方面，绿道功能较为单一。

2. 复合型生态廊道

20世纪60~80年代，人们较为注重生态保育，因此在规划绿道时将其作为保护环境与自然的生态廊道。这一时期的代表为宾夕法尼亚大学、麻省理工学院以及威斯康星州立大学的3个学术小组（Zube，1978）。

在这一时期也出现了许多代表性人物，如宾夕法尼亚大学的掌门伊安·麦克哈，他在20世纪60年代所撰写的《设计结合自然》提出通过生态的方式进行廊道规划；菲儿·刘易斯在绘制自然和文化资源图时发现了"环境廊道"规律，并将其理解为环保走廊，他认为这种走廊主要具备四种功能：环境、生态、教育以及运动（Wis，1964）。

3. 多功能绿道的出现

1982年，美国出现了严重的经济危机，政府生态投入资金减少，导致绿色开放空间的建设受到限制，因此政府允许将绿道作为一种盈利性项目以缓解绿道建设的资金压力，也进一步开发了绿道的经济功能（郭栩东，2014）。Platt在1991年认为绿道应具备保护水资源、减少污染排放、保护生物多样性、增加动植物栖息地以及防洪减灾、休闲娱乐、环境教育、改善小气候、减弱噪声、减少河岸侵蚀和沉降等功能。美国马萨诸塞大学的教授杰克·埃亨（Jack Ahem）通过文献查阅以及实践经验认为绿道应该是作为一种可持续利用的土地类型，并且能够具备多种功能用途，通过规划设计形成涵盖整个区域的土地网络。

此外，从发展史角度探究美国绿道发展的三个阶段。首先从概念上分析，第一阶段是由代表人物奥姆斯特德提出的公园道理论；第二阶段代表人物为埃利奥特和埃利奥特二世，这一时期绿道被称为开放空间系统；第三阶段开始绿道被正式使用，这一时期的代表人物为尤利乌斯·法博什与查尔斯·利特尔。从功能角度来看，第一阶段主要注重绿道的休闲功能，第二阶段主要体现绿道的休闲、保护优美自然景观的功能；第三阶段绿道功能已经趋于多目标、多样化，主要体现在绿道的生态功能、休闲、审美以及教育功能（表2-1）。

表2-1　美国绿道建设三个阶段

阶段	代表人物	概念	尺度	功能
第一阶段（19世纪）	奥姆斯特德	公园道	城市	休闲
第二阶段（20世纪）	埃利奥特 埃利奥特二世	开放空间系统	大都会	休闲、保护优美的自然景观
第三阶段（1985至今）	尤利乌斯·法博什 查尔斯·利特尔	绿道	区域	生态功能、休闲、审美、教育

自20世纪60年代以来，美国绿道建设已经成为热点。据统计，美国已经完成以及正在建设的绿道大约有1500条。从美国绿道建设的特点来看，美国绿道建设综合性的规划还相对较少，大部分集中于某个区域。从美国绿道的建设原则来看更多集中于游憩功能、生态功能以及社会文化功能方面；从建设级别来看主要从区域、城市、社区三个级别建设，具有代表性的绿道如美国迈阿密河绿道、普拉特河绿道等。

（二）欧洲绿道

受北美影响从20世纪80年代开始，欧洲的绿道规划建设逐渐受到重视，成立了多个协会，并颁布了一系列绿道建设要点。从上述美国绿道的建设可以看出美国绿道较为重视生态、游憩以及文化遗产三个方面的功能。而欧洲更加注重体现绿道的绿色通行理念，但从历史角度来看，曾经绿道网络的含义更为广泛。

汤姆·特纳是伦敦格伦尼亚大学建筑与工程学院的教授，也是对绿道建设关注最多的一位。他认为绿道不一定要为人服务，只要能够为环境起到积极作用就可以定义为绿道。他认为绿道最初是由绿带和公园道共同组成的。从欧洲早期的绿道建设我们可以看出，在20世纪初绿色通道建设已经得到广泛认可，在伦敦以及莫斯科等地也做了相应的绿道建设，这一时期的绿道建设主要是为了缓解城市扩张以及工业等带来的环境污染。例如，1936年规划的绿色小径网络，其主要目的是为了满足城市居民的休闲娱乐需要，同时也能够起到保护生态功能。

在欧洲的绿道建设中曾存在分歧，即东欧和西欧的绿道建设。在西欧大部分学者认为绿道建设应该注重恢复和保护生态环境，连接不同生态斑块，并为野生动物提供迁徙地，保护生物多样性，也被称为"生态垫脚石"。但是在东欧，生态网络建设更注重的是"自然环境的承载力"、"自净能力"以及"生态补偿"等方面的内容。而于1996年欧洲会议制定的《泛欧生态和景观多样性战略》打破了东西欧分裂的局面，为欧洲绿道建设提出了更加权威的标准。

因此从目前欧洲绿道建设的总体情况来看，欧洲绿道鲜明的特征是其绿道建设体现在两个层面，一是生态层面，二是社会层面。也就是说欧洲的绿道是一种生态网络和社会网络的结合，它不仅促进了各个城市以及区域之间的连接，促进各个机构的协调，而且对欧洲的生态具有重要意义。因此在欧洲语境下的绿道被理解为：能够连接生活相关的各个地方，为非机动车居民提供健康的生活方式（大卫·墨菲，2011）。

（三）日本绿道

日本作为亚洲地区对绿道研究最多的国家，其绿道建设水平相对较高，其主要研究范围是道路绿道，因此绿道又被称为"生态道路"，其建设实例是亚洲地区绿道建设的典范。日本近代绿道的发展过程主要分为四个阶段：

第一阶段（1866—1923年）：这一时期日本的绿道概念尚未萌芽，由于1919年颁布的《都市计画法》对整个日本起到了重大影响，全国各地开始建设公园，也在后期为绿道建设创造了节点。而这一时期绿道建设的主要目标是体现游憩功能，等级由大到小，从国立公园到各个层级的公园，实现处处有公园。

第二阶段（1923—1945年）：在这一时期重大的影响因素是由于东京大地震导致整个东京陷入废墟之中，政府为了重整东京，颁布一系列整顿方案，这一时期也是绿道的萌芽时期。并且与1929年建设完成的春日山周游道路被认为是生态道路的雏形，也被理解为第一条生态道路，一度被奉为日本生态道路建设的典范。这一时期生态道路的建设更加注重环境保护，在众多严谨的法规推动下，也建成了众多道路与环境共生的例子（李昌浩，2005）。

第三阶段（1945—1977年）：这一时期被认为是日本绿道发展的繁荣时期，由于1956年《都市公园法》的颁布，同时在1971年设立了环境厅并在1972年提出了许多新的法案，如《都市绿地保全法》《国土利用计划法》等，导致这一时期日本道路公园建设主要由学术机构承担。这一时期的绿道建设将环境保护与城市发展紧密联系在一起，并且还颁布了大量保护区开敞空间的法规，区域的绿道框架得到进一步完善。这一时期具有代表性的绿道为仙台、名古屋和横滨步道、冈山市西川绿道公园。

第四阶段（1977年至今）：这一时期是日本绿道系统的完善时期，在这一时期颁布一系列与绿道建设相关的法律，并设立相关机构。1985年制定了《城市绿化推进计划》，又于1994年修正了《城市绿地保全法》，同年又设立了生态道路检讨委员会，致力于推动道路与环境保护的共生技术研究（丘铭源，2003）。

日本还对河流绿道进行详细研究，将能够修建河堤的地方都展开绿道建设，形成现在的滨河绿道。日本还试图通过"放任自流"的方式让河流两岸尽可能布满自然植被而不是钢筋水泥，到目前为止日本的大部分河流都是这种自然式河岸（刘晓涛，2001）。日本通过河流编号对河流逐一进行绿道建设，以期能够为动植物的生长繁殖提供更多空间；同时还对相连的名山大川、风景名胜、历史遗迹等进行串联，为徒步或者骑车者提供体验自然、领略自然风光的机会，为久居城市的市民提供一片心灵的净土。

（四）新加坡绿道

众所周知，新加坡是著名的"花园城市"，主要由区域、乡镇、邻里公园以及公园共同组成。其中，公园串联网络就是我们所提到的"绿道"，又被称为"公园连接道"（陈琳，2015），其主要作用是将各个公园串联起来，形成完整的绿道网络系统。其绿道的连接方式主要是通过排水系统、防护绿带以及河道等，将城市的山体、森林滨海、自然保护区、天然绿地、主要公园等以及各种公共开敞空间连接起来形成畅通、便捷的绿道网络，同时也为城市居民提供充足的休闲娱乐场所。

20世纪90年代新加坡开始了绿道建设，并与1991年新加坡提出要在现有绿道基础上建立一个能够串联全国主要公园（如区域公园）、开放空间（如湿地、保护区等）、体育与休闲用地（如高尔夫球场、体育场等）、隔离绿带、局部绿化通道、水体，满足高密度城市建成区居民的锻炼、缓解生活压力又能够为野生动植物提供栖息地，保护生物多样性的绿道网络系统。2001年提出公园绿带网计划，要求通过公园串联系统将公园、新镇中心、体育设施以及公共绿地连成一体（周大坤，2016）。

从功能角度看，新加坡绿道主要承担着休闲游憩、备选的交通路线、动植物群落的自然廊道、科普教育以及连接的功能。其中最主要的功能还是绿道的科普教育功能，通过设置各式各样的动植物电子资讯牌、解说牌等系统，将绿道做为教育基地来建设。不同绿道体现不同的连接功能，但是主要的还是科普教育。使用者通过手机或电脑扫描条码，就能够轻而易举地了解到各种动植物的资讯，不仅为游客提供相关知识还提升了公园的管理水平（孙奎利，2012）。

（五）中国绿道

我国对绿道的研究，早期更多集中于理论研究。首先，从我国学者对绿道不同功能的理解来看，余云龙（2013）从美国绿道的概念入手，他认为绿道的功能包括四类：保护自然及文化遗产，即体现绿道的生态功能；为游人提供休息游憩的场所，即绿道的游憩功能；能够让人们体会自然和文化的魅力，即绿道的社会文化功能；由于在游憩的同时必定会带动周边旅游产业，这就是绿道的经济功能（余云龙，2014）。

闫祥青（2016）通过对游憩型绿道功能进行分类，认为绿道网络具有生态、社会、经济以及美学等方面的内容，绿道网络能够帮助城市形成完整的休闲景观格局，有助于保护生态环境、保护风景名胜、净化空气水体、休闲游憩，提升土地价值，创造长期经济效益。他又具体指出绿道具有以下功能：交通功能，作为基础设施的基本功能；景观功能，是人们接近自然的通道，并具有连接城市和乡村景观的功能（周年兴，2015）；生态功能、保护功能，主要体现在对自然环境的保护以及对文化历史的保护；游憩功能，为人们提供休闲游憩的场所；其他功能，主要指由于绿道建设产生的潜在价值（闫祥青，2016）。

吴广珍（2015）通过以淮南市舜耕山绿道为例对城市绿道的功能进行研究，认为绿道具备以下功能：文化传承功能，能够将有代表性的文化遗产串联起来，既是对文化的传承也是对文化的保护；生态功能，主要体现在为动植物提供通道，连接破碎景观，保护环境；绿道的休闲游憩功能，主要是为城市居民提供一个休闲娱乐的开放空间，提供绿色、环保、健康的生活方式。

李祉锦（2012）、徐淑娟等人（2012）也是对城市游憩型绿道的功能进行分析。徐淑娟以浙中地区城市绿道为例，认为绿道功能主要体现在四个方面：连接功能，同闫祥青所提到的交通功能类似，都是绿道作为道路的一种基础功能；休闲游憩功能，主要是能够使人们通过步行、骑行、滑板等体验自然风光，观赏野生动植物，进行一系列游憩活动；生态及历史文化保护功能；交通功能，提供新的出行方式，改变人们的出行习惯。李祉锦从绿道定义入手也将绿道分为以上几种功能。

李杨（2016）等人将绿道的功能总体分为三个方面：生态、景观、社会三种功能；其中生态功能包括保护生态、改善环境和连接斑块；社会功能包括休闲游憩、社会服务、文化保护、防灾等功能。这样的功能分类更侧重于研究性分析。

李朦朦等（2014）通过对城乡间的绿道功能分析，认为绿道应从宏观、中观和微观三个层面分析绿道发挥的功能。首先，从宏观来看绿道起到生态系统连接功能，一方面保护了生物多样性，另一方面将破碎的斑块联系起来，保护了生态环境的完整性；其次，从中观分析起到交通枢纽的功能，是城乡交通的补充，为城乡人们提供多种交通方式；最后，从微观考虑发挥休闲游憩功能，为人们提供了游憩设施和休闲的空间。

崔玉莹（2014）在其文章中认为绿道功能主要有六种：生态保护功能、游憩休闲功能、经济发展功能、社会文化功能、宣传教育功能、慢行交通功能。同时还以茂名为例对其现有绿道规划进行分析。

陈茹（2016）从乡村绿道入手，对乡村绿道应满足的功能进行分析，她认为乡村绿道的功能主要体现在两个层面：生态功能，保障乡村生态空间结构完整性，保护乡村生态景观的稳定性，促进乡村同周边的联系；保护社会历史文化和美学功能，连接乡村孤立的生态岛、破碎景观、历史文化景观，从而保护和传承乡村历史文化。

陈亦舒（2016）通过分析昆明绿道旅游发展的机遇与优势，探究昆明绿道发展应具备的功能以及发展策略，指出绿道功能主要有三个方面：休闲游憩功能、经济发展功能、社会文化和美学功能。陈亦舒仿照新加坡的案例将科普教育作为社会文化的主要体现形式，并指出绿道将破碎的景观联系起来，起到一定的美化功能。综合分析见表2-2。

表2-2　绿道功能分析表

学　者	年　份	功能类型
余云龙	2013	生态功能
		游憩功能
		社会文化功能
		经济功能
		交通功能
		景观功能
闫祥青	2016	生态功能
		保护功能
		游憩功能
		其他功能

（续）

学　者	年　份	功能类型
吴广珍	2015	文化传承功能
		生态功能
		休闲游憩功能
李祉锦	2012	连接功能
		休闲游憩功能
		生态及历史文化保护功能
		交通通行功能
李　杨	2016	生态功能
		景观功能
		社会功能
李朦朦	2014	生态保护功能
		交通枢纽功能
		休闲游憩功能
崔玉莹	2014	生态保护功能
		游憩休闲功能
		经济发展功能
		社会文化功能
		宣传教育功能
		慢行交通功能
陈　茹	2016	生态功能
		保护历史文化功能
		美学功能
陈亦舒	2016	休闲游憩功能
		经济发展功能
		社会文化和美学功能

　　总体来看，北美、欧洲及亚洲绿道在建设不同时期所体现出的功能特点不同，北美及欧洲绿道较为重视绿道的生态功能，同时兼具休闲游憩功能，而在发展过程中，绿道从国家和区域层面逐渐发展到地方层次上，多功能绿道由此开始出现，越来越多的功能在绿道得以体现，如历史文化保护、美学功能、经济功能、科普教育功能、通行连接功能等。绿道发展各阶段功能分析见表2-3。

表2-3 绿道发展各阶段功能分析

地区/国家		功 能	主要功能
北美	第一阶段	休闲	休闲
	第二阶段	休闲、保护优美的自然景观	自然
	第三阶段	生态功能、休闲、审美、教育	休闲游憩
欧洲		生态、连接、游憩	生态
日本		环境保护、游憩	环境保护
新加坡		连接功能、科普教育、游憩、自然廊道	科普教育

二、绿道功能实例探究

（一）国外绿道功能实践案例

1. 新英格兰"主题性"绿道

北美绿道网络主要是层次上的多样性，从宏观到微观逐级规划，做到层层相扣，环环相接，新英格兰绿道网络鲜明地体现出这一规划理论。新英格兰地区位于美国的东北部，由六个州组成。新英格兰绿道将六个州联成一体，形成整个区域的绿道网络骨架，再逐层深入。它具有丰富的生态游憩资源以及历史文化资源，同时也有着优秀的绿道规划传统，因此其绿道网络规划对全国都具有重要的指导意义。

新英格兰地区在对其20世纪遗留下来的景观资源按照自然资源、游憩资源以及历史资源三种类型，将绿道划分为三类。即，游憩类绿道，是指依靠自然景观以及人为废弃地进行建设；生态类绿道，通常是为生物迁徙以及防止物种多样性被破坏而建设的廊道；文化历史类绿道，是对当地历史文化资源起到保护以及宣传教育的功能，其边缘也可以作为高质量的生活区。由此新英格兰地区形成了三个主题性规划：自然保护、文化保护以及游憩。这三个主题共同构成了新英格兰的绿道网络。英格兰绿道网络如图2-1所示。

例如，在新罕布什尔沿着白山（White Mountain）山脊线建设从蒙纳诺克山（Monadnock）到苏纳庇（Sunapee）的自然资源型绿道；在新英格兰还存在废弃铁路转为游憩型绿道的案例，这样的绿道长约4800km。同时还有重点针对文化遗产的绿道。不论建设什么样的绿道，生态型绿道规划是最主要的，就如上述提到的北美地区绿道较为重视生态功能，也可以看出北美对生态环境保护的重视。详细数据见表2-4。

表2-4　新英格兰地区不同类型绿道规划数据统计

绿道类型	现有绿道（km²）	规划绿道（km²）	面积总计（km²）	长度总计（km）	占全地区面积比例（%）
自然资源型或生态型	25047.4	47509	72556.4	1046	41.7
游憩资源型	5595	5623.3	13310.3	53363.4	7.7
历史资源型	4			4237.3	

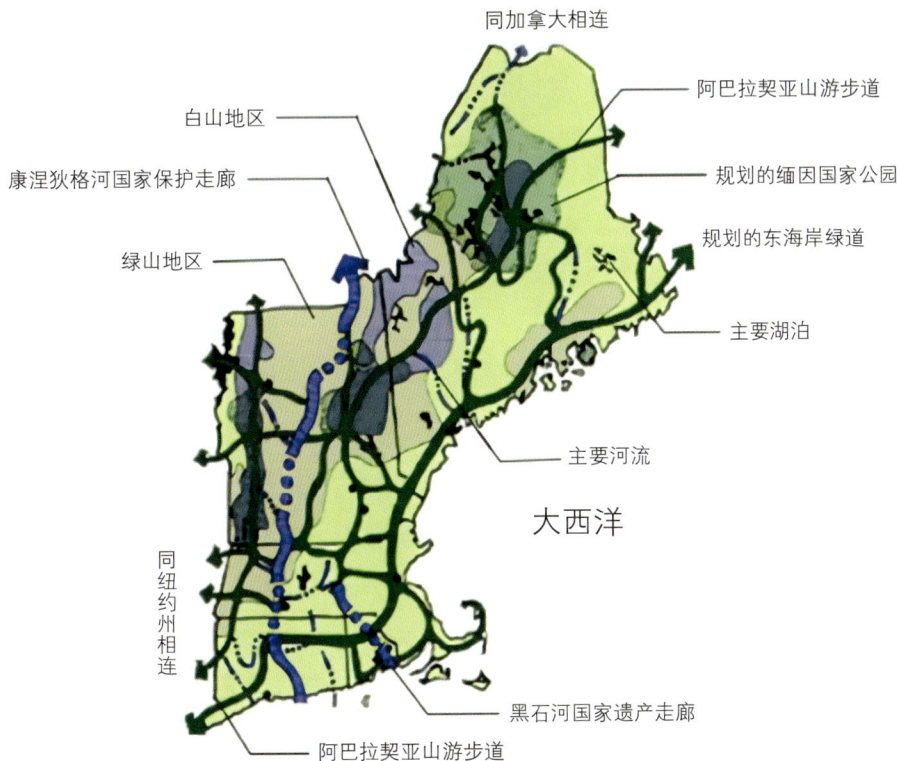

图2-1　新英格兰绿道网络

2. 迈阿密河绿道

迈阿密河位于佛罗里达州，是佛罗里达州的天然地标，直到20世纪40年代，河流从沼泽区域到比斯坎湾的淡水出水口，一直保持自然状态。第二次世界大战期间迈阿密河流域成为船只生产制造业基地，成了一条工业河流。从"迈阿密河绿色行动计划"开始，通过对迈阿密河进行规划，设置一定的游憩设施以及场所，将迈阿密河打造成方便人们进入的游憩空间，同时也提高了土地的利用价值（图2-2）。

由于是针对河流建设的绿道，绿道完全成为服务于河流的基础设施。美国绿道公司为了更能够体现迈阿密河的特色，通过对其景观资源包括文化、历史遗产、自然景观等详细分析，最终从以下几个方面进行了规划：

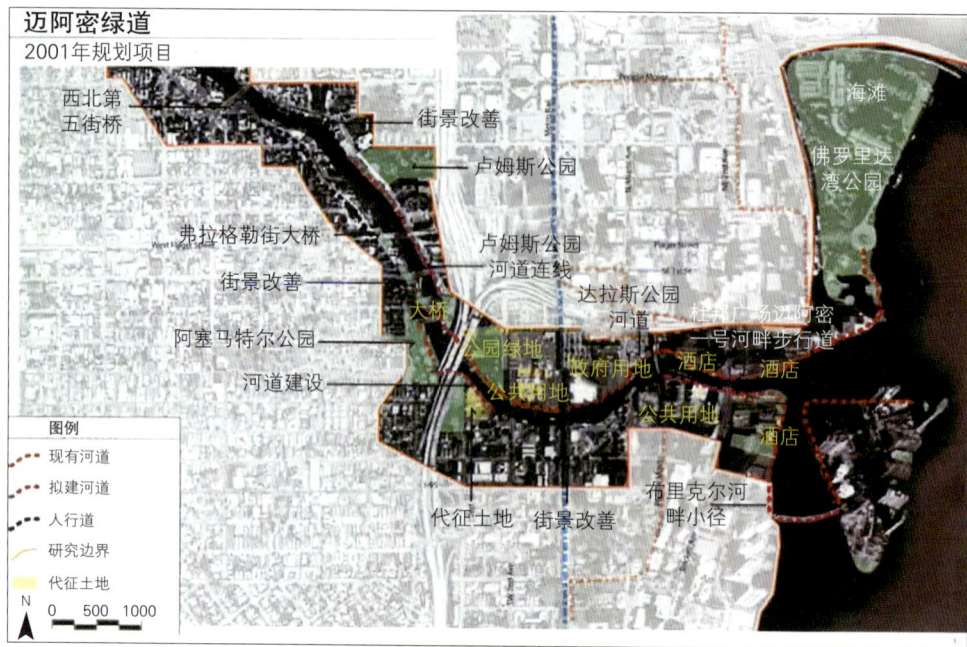

图2-2 迈阿密河道图
（来源：互联网，作者改绘）

a.自然河流：目的在于恢复河流生态，保护自然河流环境。

b.工业河流：实现货物贸易，带动周边经济。

c.目标景观：人群聚集带动周边的餐饮、旅游、购物等娱乐活动。

d.河流文化遗产：具有浓厚的文化色彩，吸引大量游客，包括沿着河流的一些古老建筑，都反映了200多年以前美国土著居民在此居住的文化。

e.河流家园：为当地土著居民构建家园，使旅游与居住区结合。

这种绿道构建形式通过不同的景观资源分析达到不同的功能效益，用最适宜的方法构建最宜居的环境正是我们在绿道建设中应该学习的，迈阿密河也为全世界河流绿道建设提供了一个极佳的模式。

3. 新加坡公园连接系统

新加坡作为"花园城市"，其城市内部大部分为公园，因此在建设绿道系统时通常是将绿道作为公园的连接系统。此外，也正是由于新加坡为岛屿国家，其土地资源有限，通过绿道建设公园连接系统是土地利用最大化的表现形式。自20世纪90年代开始，新加坡开始规划建设能够连接全国绿地系统以及水域的绿道网络，这一时期绿道主要分布在河流以及绿地斑块之间，起到连接和保护生态的功能。在21世纪初，绿道网络规划进一步细化，要求连接城市中的每个公园以及城市中心区域，这一时期的绿道功能就体现出为城市居民服务的功能，即主要体现在游憩功能。同时从建设过程我们可以看出新加坡的绿道建设还比较注重绿道的衔接功能以及土地优化功能，通过将排水缓冲道、储备道路以及其他可利用的土地进行改造，最终形成能够穿越社区、公园以及其他自然保护区的绿道，为市民提供一个安全舒适，不影响原有土地功能同时能够连通景区的便捷式通道。新加坡绿道网络如图2-3所示。

图2-3　新加坡公园连接道系统
（来源：互联网，作者改绘）

同时新加坡的绿道网络建设较为注重的还有绿道本身的限制性功能，通过建设环城绿道，能够有效限制城市扩张的同时还能够起到很好的边界效应。在新加坡的城市中心更多的是道路型绿道，通过对道路进行优化绿化形成城市内部绿道。这与新加坡土地资源有限是分不开的，正是由于土地较少，才尽最大能力使土地利用最大化。同时通过绿道连接不同的景观资源，包括生态区、水系以及城市等，构成遍布全国的绿道网络。

新加坡的绿道并没有体现出明显的类型，而是将重要的景观资源进行了串联，对于每一段绿道的建设重点没有详细的划分。因此通过构建绿道分类系统，将城市景观资源进行详细分类，同时根据绿道连接的不同景观资源从执行功能角度对不同景观资源上的绿道进行命名显得尤为重要。

4. 日本绿道

日本港北花园新城是日本地区绿道网络的代表。该地区原本为一些自然村落以及自然林地和大面积农田，但是由于日本经济飞速发展，导致城市面积不断向外蔓延，环境恶化严重。而港北地区经济发展相对较慢，且交通设施不够完善，因此并

活动 \ 场所	道路	购物广场	绿道/步行道	庭院	公园	河塘	墓地	校园
日光浴				■	■			■
玩沙坑			■	■	■			■
捉迷藏	■		■	■	■		■	■
骑脚踏车	■	■	■					■
观察自然			■		■	■		■
散步	■		■	■	■		■	■
体育			■		■			■
表演		■			■			
购物		■						
通勤	■		■					

图2-4　港北新城"绿色矩阵系统"
（来源：作者改绘）

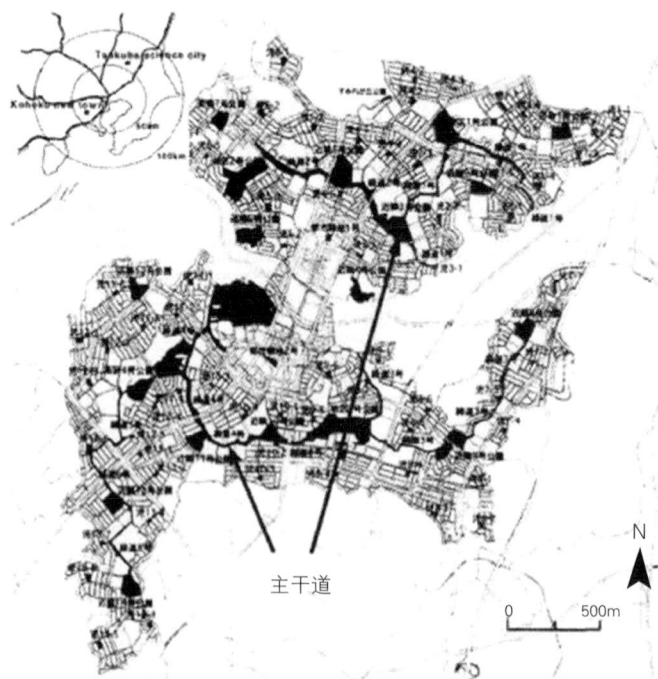

图2-5　港北新城绿道网络
（来源：王岩慧. 绿道理论在北京居住区规划设计中的应用研究.
硕士论文）

未受到城市化的影响，政府为了防患于未然，在港北尚未受到危害之时及时采取措施，对港北地区进行了一系列有效的规划设计。

港北新城花园设计主要建设宗旨是"防止环境乱开发"、"创建优美城市"。因此在整个规划设计中，通过对选定地址的一部分农田、生产性绿地进行保存，同时还尽可能对一些自然林地、寺院庭院、中心公园、宅前屋后绿地以及社区绿地进行保存。同时通过绿道将这些要素结合起来，构成有个性又富于变化的绿色通道网络。在进行规划过程中日本规划组采用了"绿色矩阵系统"（Yokohari M, 2006）。如图2-4所示，将各个不同类型绿地以矩阵形式体现出来，同时确定应保留以及串联的绿地，最终形成完整且应用类型广泛的绿道网络。

港北新城绿道网络建设主要包括三个方面的内容，如图2-5所示。

北部自然公园：该部分主要是利用原有的自然景观以及现有资源建设自然公园并通过公园道连接，为市民提供一个能够亲近自然的机会。从功能角度考虑，该部分绿道主要是起到生态连接的功能，为市民提供生态体验的空间。

中部中央公园：这一部分主要是在中心城区为市民提供一个休闲游憩的场所，同时也通过建设标志性建筑，形成日本具有代表性的地标。从功能角度考虑，主要是文化功能，通过对日本中心城区主题文化以及标志性建筑的连接，表现出独具日本特色的城市文化。

南部大型活动区：该区域主要是对大型广场进行连接，同时在广场以及绿道两侧设置大量座椅，方便居民休闲游憩。并设置一系列游憩设施，弥补中心城区活动空间不足的劣势。从功能角度来看主要是体现休闲游憩功能，设置大片户外活动空间并通过绿道进行串联，起到缓解城市压力，放松空间的作用。

（二）国内绿道功能实践案例

1. 珠江三角洲绿道

改革开放以来，珠江三角洲地区实现了经济飞速发展的新跨越，成为发展最具潜力的地区，但是随着经济的发展，城市化以及工业化日益严重，这对自然环境无疑是一种挑战。为了制约珠江三角洲地区城市无限扩张、土地无序利用，政府采取一系列措施，通过建设集环保、运动、休闲、旅游等于一体的珠江三角洲绿道网络，提高城市居民生活质量，改善生态环境，缓解城市压力。

在珠江三角洲绿道建设过程中，着重体现绿道的四种功能，分别为：

生态功能：绿道能够净化水源、空气，也可以为动植物的生存提供空间，同时还为都市地区提供了通风廊道，缓解城市的热岛效应。

社会功能：绿道作为一种休闲空间，能够为市民提供更多的贴近自然的空间，能够为居民提供一个散步、骑车、锻炼、游憩的场所，促进人与自然的和谐，同时也能够增强人与人之间的交流。

经济功能：绿道能够带动周边的产业发展，对于促进旅游观光产业以及商贸产业具有积极意义。同时还能够缓解绿道周边居民的就业压力，提升土地价值，促进社会经济增长。

文化功能：绿道的建设能够将具有文化体色的遗迹以及历史建筑串联起来，彰显城市文化，提升城市的软实力，促进城市发展。

在珠江三角洲绿道建设中，主要是通过绿道将区域内自然景观、历史文化遗址，包括风景名胜区、保护区以及历史古迹等串联起来，并按照区域将其规划为三个主要类型：生态型、郊野型以及都市型绿道。

2. 北京绿道

绿道是以绿色空间为基础建设的，主要为步行以及骑行提供空间的一种交通模式，由绿道线路及绿道节点两部分组成。从2013年颁布《北京市级绿道建设规划》以来，政府对北京市绿道进行了规划。从规划内容来看，主要将绿道按照市民的需要与环境空间资源的有机结合，改变城市中的公共绿地、郊野绿地、防护绿地，使之形成能够为居民提供休闲游憩的空间（图2-6）。

从目前对北京市的绿道规划来看，主要体现四种主要功能：生态、风景、历史文化、绿色交通功能。

生态功能：由于北京市域各类生态绿地较多，通过绿道将城市中生态绿地的空间资源同居民休闲游憩的需要相结合，充分发挥生态绿地的综合效益。

风景功能：主要是将风景资源连接起来，通过在景观资源周边建设绿道，提高景点的可达性，同时通过绿道建设也能够优化景观资源，丰富景观的多样性。

历史文化功能：主要是在历史文化资源较为丰富的地段建设绿道，目的在于通过绿道将不连续的历史文化景点联系起来，强化线性历史文化廊道的保护以及利用。

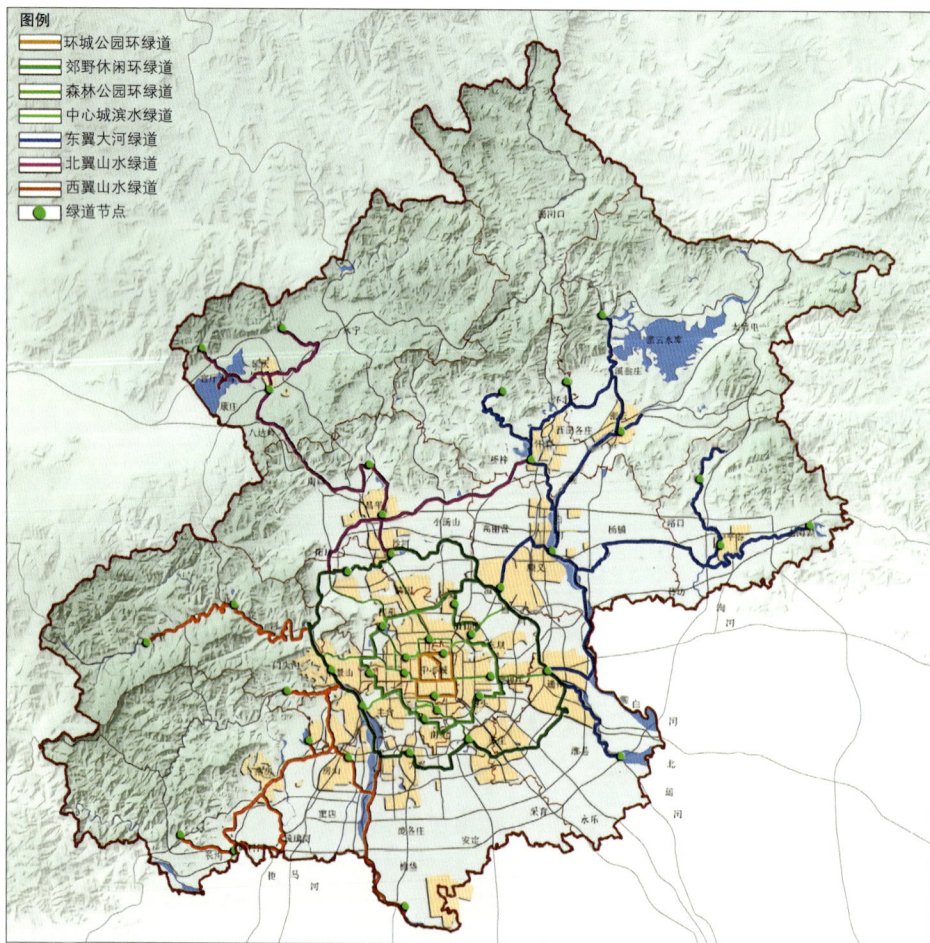

图2-6　北京市级绿道规划
（来源：北京市级绿道网络规划）

　　绿色交通功能：主要是为城市居民提供休闲游憩空间的绿道类型，通过在靠近社区以及县城区周边建设绿道，满足居民对于出行的需要。

　　北京市绿道网络功能如表2-5所示。

表2-5　北京市绿道网络功能分析

绿道类型	功能	主题和特色
环城公园环绿道	休闲、历史文化	绿道串联旧城精华的历史文化资源，包括南护城河、北护城河、前三门护城河以及周边的永定门、德胜门等，同时还联系众多公园
郊野休闲环绿道	骑行、远足	构建"三山五园文化特色段"、"望京城市活力特色段"。通过连接玉泉山、万寿山等形成历史文化区段；通过连接望京繁华地区，展现城市活力
中心城滨水绿道	休闲、交通、生态保育功能	串联城市大型居住区、工作区以及地铁站等，同时串联城市中心大型地标、景观点，形成不同主题特色的绿道
森林公园环绿道	生态、休闲、经济	绿道沿线经过永定河、温榆河、北运河，主要是以水系生态景观以及新城景观为主
东翼大河绿道	休闲、经济	绿道主要以特色农业景观以及滨水景观为主要特色，沿途景观有潮白河、密云水库、怀柔水库等水系景观以及各种特色农业园
北翼山水绿道	休闲、连通	绿道主要以历史景观为主要特色，形成"十三陵历史景观区段"、"八达岭历史景观区段"等共计五个精品区段
西翼山水绿道	休闲、带动整合功能	主要连接北京西部山区主要风景区和森林公园，包括灵溪风景区、京西古道风景区等，以自然山水为主要特色

第二节　绿道分类初探

一、绿道分类体系的思考与探索

（一）绿道分类体系的相关探索

　　从国内外绿道分类的形式上来看大致分为两种类型。第一种是按照区域等级将绿道划分为不同等级的绿道，如同目前各国所存在的交通系统，由国道、省道、县道、乡道以及专用公路组成，同样绿道的分级也是按照等级标准划分；第二种分类方式主要是按照地域以及功能对绿道进行划分，这种分类方式更倾向于按照土地的利用形式以及该区域中绿道所发挥的功能进行分类。

1. 国外绿道分类体系理论

　　绿道（greenways），是指狭长的为人们所保护以及休闲游憩的空间。从使用方式看包括人行、车行以及动物迁徙；从建设区域来看包括城市滨水廊道到远离城市的郊野乡村廊道等。国外对绿道的分类，主要有以下几种。

（1）法伯斯的绿道分类

①生态型绿道（ecological greenways）：沿着自然线形景观分布的，能够供野生动物迁移的重要自然廊道以及开放空间。

②游憩型绿道（recreational greenways）：主要是对自然廊道、河道、废弃铁路以及其他公共空间等进行改造以及建设，使其穿越风景区、名胜古迹等形成具有优美风景，可供行人远足和骑行的较长的廊道空间。

③文化与历史性绿道（cultural and historic greenways）：连接当地特色历史文化资源并能够发挥文化保护以及教育宣传作用的廊道，通常沿着道路、河流等建设自行车道以及人行道等。

（2）查尔斯·利特尔的绿道分类　根据绿道形成的功能以及条件将绿道分成5种类型。

①城市河流型：这种分类方式主要是根据美国当时对滨水区进行修复而建立的绿道，目的在于保护河流，缓解环境压力。

②游憩型：这一概念同法伯斯的游憩型绿色通道含义相似，都是针对道路建设的人行道以及自行车道，通常沿着河流、废弃铁路以及自然廊道等建立可供游人进入以及开展活动的场所。

③自然生态型：这种绿道同法伯斯的生态型绿色通道内涵相同，主要是为野生动物提供迁徙的廊道。

④风景或历史线路：主要是起到连接的作用，通过在各个景区以及历史遗迹附近沿着河流或者道路建设的方便游客进入的绿道空间。

⑤综合型绿道系统：沿着自然线形景观包括河流、山脊、山谷等，或者是多种绿道以及空间的组合，具有多种功能。

（3）《美国绿道》的绿道分类

①城市滨河绿道：绿道主要位于城市滨水区域，起到改善河流环境的功能。

②游憩绿道：该类型绿道较长，特色突出，通常沿着河流、废弃路等建设。

③具有生态意义的自然廊道：主要建设于自然景观区域，为动物提供迁徙廊道。

④风景和历史路线绿道：该类型绿道主要建设于远离城市区域，为行人提供享受自然的线路。

⑤全面的绿道系统或网络：主要建设在有自然地形的区域，随机提供开放空间。

（4）莱托（Little）的绿道分类　按照绿道尺度及其功能将绿道分为自然类型的绿道、历史型绿道、城市河流绿道、综合绿道和娱乐功能绿道（Fabos J G，1995）。

（5）埃亨（Ahern）的绿道分类　分别按照绿道的等级以及功能对绿道进

行分类，按照建设面积来划分等级，形成从区到市到省再到区域的结构层次；功能上是按照文化保护、生物保护、水资源保护以及休闲游憩四种功能进行划分。

2. 国内绿道分类体系的理论研究

我国对于绿道的研究比较晚，对绿道的分类没有统一的标准，呈现出繁杂多样的分类方式。在实践中相对成熟的案例主要有珠江三角洲地区的绿道网络规划以及北京地区的绿道网络规划。从分类方式上来说主要有两种，即分级和分类。分级主要是按照行政单位进行划分，分类的依据较多，也因此分类形式多样。

珠江三角洲绿道网规划对很多绿道研究者都产生了影响，马莉（2012）对深圳绿道规划做出了相关分析。文献中提到深圳绿道建设中完全按照珠江三角洲绿道网络规划中规定的绿道建设，将绿道划分为三级，即区域绿道、城市绿道以及社区绿道；城市绿道共计25条，全长500km，社区绿道更是涉及多个区域。马莉（2012）在探究深圳市绿道网络规划中提到，深圳市绿道规划从功能上主要分为生态型、郊野型、都市型绿道。

俞孔坚（2006）从历史角度分析，结合自上而下的分类方法，将绿道按照时间演替划分为滨河、道路、田园三种类型的绿道。

应伟刚（2014）以浙江省仙居县为例结合仙居县"山、林、溪、田、城"的生态特征，将绿道划分为滨溪型绿道、城市型绿道、田园型绿道以及山林型绿道四种。

徐淑娟等人通过对浙中地区以及金华地区的绿道分析，得出绿道建设主要发挥连接、游憩、生态、文化保护以及交通四种功能。根据绿道的这四种功能将绿道划分为三种：具有观赏功能的游憩型绿道、具有交通连接功能的交通型绿道以及具有亲民便捷功能的社区游憩型绿道（张文，2000）。

李昌浩（2005）通过分析绿道功能，将绿道作为保护自然、保护环境、保护历史文化并且能够提供休闲、教育以及经济功能的一种基础建设形式；并以镇江市南徐大道为例对绿道功能进行了深入分析。通过对绿道功能以及分类的认识，将绿道按照其自身属性分为"绿、蓝、紫"三种通道，分别对应绿色廊道、河流廊道以及文化遗产廊道。

（1）*道路绿道（绿道）* 包括两种形式的绿道，其一是仅供行人进行休闲活动的林荫道路，通常被用来构成公园与公园之间的联系通道，注重游憩功能和景观的塑造；其二是指道路两旁的道路绿化。

（2）*河流型绿道（蓝道）* 河流水系作为一个城市的重要自然组成部分，根据欧洲自然资源保护委员会的定义，河流廊道主要包括河道、河漫滩。河岸以及高地区域（Sukopp H，1982）。河流型绿色通道具有生态功能和娱乐价值，与城市的发展密切相关，城市河流中还保存了丰富的历史文化遗迹。它能为居民提供更多亲近自然的机会，同时还为居民提供更多游憩空间使居民身心得到发展（俞孔坚，1998）。

（3）文化遗产绿道（紫道）　该绿道是集生态与环境、休闲与教育、文化遗产保护于一体的多功能景观廊道，主要是沿着河流、铁路、峡谷等建设的能够将单点文化联系起来的具有一定文化意义的线形空间。注重强调文化保护与自然保护并存的功能特征，同时还能够起到传承以及发扬文化的功能，也促进了周边文化旅游的发展。

崔敏等（2011）针对重庆市绿色空间现状通过分析其景观资源，从三个功能入手即生态功能、社会功能以及文化功能对重庆市绿道建设提出相应的布局方案，提出将绿道划分为六种类型，即与山脊相连的绿道、与水域结合的绿道、与公路结合的绿道、沿街道分布的绿道、可供步行的绿道、游憩娱乐型休闲绿道。从宏观、中观、微观三个层次对重庆市的空间结构进行整合，将建设用地和非建设用地连接起来，优化绿色空间格局，同时起到改善生态环境，促进森林城市建设的作用。

王贤（2012）在北京市绿道规划研究中，针对北京市景观资源包括生态资源、文化资源以及游憩资源进行分析总结，将北京绿道划分为四种类型，即公园型、滨河湿地型、文化遗产型以及自然生态型，并通过这四种类型绿道的连接构成北京市绿道网络。同时还针对绿道中缓冲带、植被选择、绿道铺装，以及道路宽度、坡度等进行研究，最终形成北京市绿道网络。

车生泉（2001）按照绿道的特征和作用不同，将绿道划分为绿带廊道、绿色道路廊道、绿色河流廊道。其中，绿带廊道是指分布在城市外围或者连接城市与城市之间的绿色通道，是建立在自然本底的基础之上，以自然景观为主，间或有人工痕迹。其作用主要是隔离，起到防止城市无限扩张的目的；绿色道路廊道主要由步行道以及步行道周边的绿化景观共同构成，主要功能是休闲游憩；绿色河流廊道主要是河道、河漫滩、河岸以及高地区域，其建设规划的目的主要是提升城市生态环境，改善城市小气候。

常健、刘杰等（2011）通过对国内外绿道分类系统的分析研究，得出绿道分类尽管形式不同，但其建设目的主要是能够充分发挥当地特色，并体现多功能的特征。因此提出绿道分类规划一定要符合地域特点，并根据这一原则对武汉市绿道进行分类，根据武汉实际情况将绿道划分为生态保护型绿道（生态系统）、观光风景型绿道（游憩系统），以及休闲游憩型绿道（生活型系统）三种，同时三种类型绿道也形成三种对应的绿道系统（表2-6）。

表2-6 不同绿道分类统计

名　称	功　能	分　类
珠江三角洲绿道网络规划	生态功能、文化功能、经济功能、社会功能	生态型绿道
		郊野型绿道
		都市型绿道
北京绿道网络规划	生态、风景、历史文化、绿色交通功能	生态绿道
		风景绿道
		历史文化绿道
		城市绿道
俞孔坚	河流保护、交通、保护田园	滨河绿道
		道路绿道
		田园绿道
应伟刚	河流保护、城市、生态、农业休闲	滨溪型绿道
		城市型绿道
		田园型绿道
		山林型绿道
徐淑娟 周晓兰	连接、休闲游憩、生态、历史文化、交通	景观游憩型绿道
		交通型游憩绿道
		社区型游憩绿道
李昌浩	自然保护、环境保护、游憩功能、历史文化保护、经济功能、美学教育	绿道（道路性绿道）
		蓝道（河流型绿道）
		紫道（历史文化型绿道）
崔敏	生态功能、文化功能、社会功能	与山脊相连的绿道
		与水域结合的绿道
		与快速路网结合的绿道
		沿街绿道
		步行道绿道
		游憩娱乐型休闲绿道
王贤	连接功能、休闲游憩功能、文化保护	公园型绿道
		滨河湿地型绿道
		文化遗产型绿道
		自然生态型绿道
车生泉	生态功能、游憩功能、文化保护功能	绿带廊道
		绿色道路廊道
		绿色河流廊道
常健	生态保护、历史文化、休闲游憩	生态保护型绿道
		观光风景型绿道
		休闲游憩型绿道

（二）绿道分类实践案例

1. 新英格兰层级绿道

国外绿道还对绿道的分级进行了实践研究，将绿道网络看作是一个多层次的系统，并从宏观到微观，从区域层级—地方层级—场所层级三个层级进行规划。从实践案例来看，主要体现在新英格兰地区绿道网络建设：

案例：新英格兰地区绿道网络层级规划，如图2-7所示。

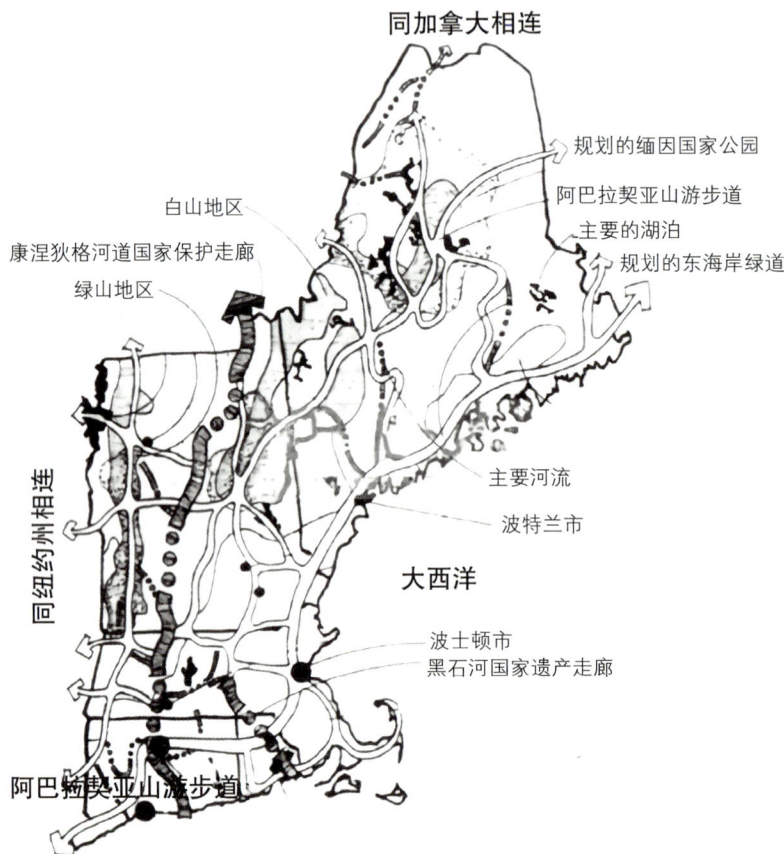

图2-7　新英格兰地区区域层级绿道规划

（来源：刘滨宜，余畅，2001.美国绿道网络规划的发展与启示.中国园林）

（1）区域层级的绿道规划

该层级绿道规划首先是对新英格兰地区的自然资源、游憩资源、历史资源进行深入分析，明确各州的特色景观以及以往各州绿道规划的现状，根据分析结果从地区性的角度将各个州中零散的绿道进行连接，形成一个综合性的绿道网，并连接周围国家绿道。

（2）地方层级的绿道规划

从绿道的规划来看，大部分绿道规划集中在市级层次上，也因此这一层级的绿道规划相当重要。这一层级的绿道要设法同上一级以及下一级绿道进行连通。这一层级的规划重点内容在于生态和文化的交融,从过去单一考虑游步道功能,到现在多功能的绿道网络,通过多功能的绿道网络连接区域的生态景观以及历史节点,展现该地区的地域特色以及发展历史。

(3)场所层级的绿道规划

该层级主要是市级层次的绿道对场所内部的延伸,主要包括两个方面的内容,其一要同市域层次的绿道进行连接;其二强调场所绿道的空间景观设计,使人们更清晰地认识绿道。

2. 珠江三角洲层级绿道

从我国2010年出台《珠江三角洲绿道网总体规划》以来,受到该政策的影响,众多地区的绿道网络分级和分类方式都参照珠江三角洲地区的规划方式。绿道网络按照分级方式分为:区域绿道、城市绿道、社区绿道。

(1)区域绿道　主要连接城市之间的绿道,形成宏观框架。

(2)城市绿道　连接城市中主要景点,并且对城市内部生态系统进行整合。

(3)社区绿道　建设在居住区附近,连接社区、游园等,为居民提供便利。

在《珠江三角洲绿道网络规划》中还指出,根据当地不同空间、地域特色,将绿道从地理位置和功能两个角度进行分类,形成了生态型、郊野型、都市型三种形式绿道。

(1)生态型绿道　该类型绿道主要是依据自然景观建设,充分利用当地的河流水系、山川等,建设目标以保护野生动植物的栖息地、维护生物多样性为目的,同时还能够为自然科考以及野外徒步旅行提供场所。

(2)郊野型绿道　该类型绿道主要是在城镇近郊地区建设,依靠水体、海岸、田野、公共绿地等建设登山道、木栈道以及慢行休闲道等。

(3)都市型绿道　该类型绿道主要是建设在城市建成区内,依托城市内部各种景观用地类型建设,为市民提供更多的休闲游憩空间。

3. 北京市级绿道规划

北京市级绿道按照功能主要分为四种类型,即生态绿道、风景绿道、历史文化绿道、城市绿道。

(1)生态绿道　连接北京市各类生态绿地,发挥生态绿地的综合效益。

(2)风景绿道　建于风景区周边,主要是增加风景区的可达性。

(3)历史文化绿道　建于历史文化资源较为丰富的区域,主要位于县级、社区级尺度。

(4)城市交通绿道　建于城市带状绿地,主要是满足城市居民出行要求。

二、绿道分类体系构建及建设要点

（一）绿道分类体系构建基础

1. 绿道功能价值分析

（1）绿道功能研究文献比例　众多学者提到的关于绿道功能的研究以及实践案例，绿道功能集中在生态功能、休闲游憩功能、历史文化保护、美学功能、经济效益、科普教育功能、通行功能等；分析整理这些所涉及的功能，从大的方面来看主要体现在生态、游憩、经济以及文化保护功能四个方面。

国外绿道功能研究文献表明：不同区域绿道功能以及建设类型表现出一定的差异，这也成为绿道划分的依据。

绿道规划的原则是以人为本，绿道应从实用角度出发，充分考虑为居住者提供便捷可达、使用方便、愉悦身心的基础性绿道，生物廊道等并不列入绿道划分标准，构建更符合人们的意愿能够更好地发挥为人民服务功能的绿道。

通过对文献的统计以及实践案例的分析，对几项重点功能进行占比分析（图2-8），从图2-8中可以看出游憩功能和文化保护功能占较高比例，其次是生态功能。

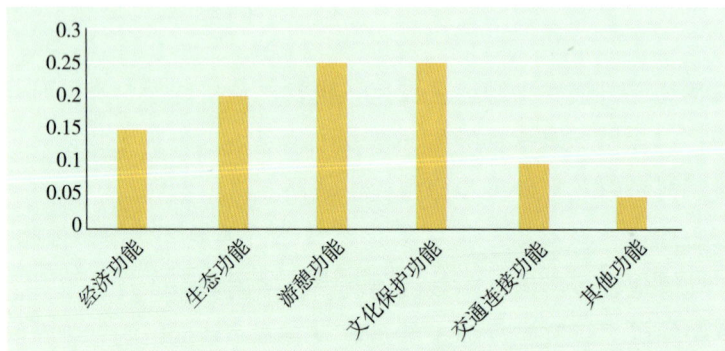

图2-8　功能比例

（2）不同区域绿道功能分析　从区域角度来讲，同一城市不同区域的发展程度不同，各区域所要求的绿道功能也有差异。例如城市建成区内部绿道功能同近郊区以及远郊区的绿道功能就会因为其地域特色、发展程度而变化，表现出不同的功能需求。因此，通过众多文献分析研究对不同区域进行功能类型分析。

①城市区域绿道的功能

缓解交通功能：绿道作为一种基础，交通功能是其基本功能，城市道路按照属性可以划分为交通系统和慢行道，而绿道属于慢行道，尽管绿道被看作以休闲游憩为主的道路形式，但是不可否认它对于城市交通拥挤以及通勤具有一定的作用。相关绿道规划建设中也曾指出，通过打造绿道网络构建集休闲、生活、娱乐于一体能够连通城市破碎空间的绿道系统。由此可以看出绿道本身就是兼顾休闲和交通功能，而在绿道中设计自行车道、人行道、无障碍通道等设施都是为了通行方便，也因此绿道为城市居民提供更多的出行方式，缓解城市交通压力，同时也为出行者提供一个安全舒适的出行环境，远离机动车的干扰。

休闲游憩功能（公园、社区）：随着休闲社会的到来，社区居民对于开放空间的需求越来越强烈，绿道可以为人们提供更多休闲活动的场所，供人们垂钓、散步、骑车、轮滑等，能够愉悦身心，同时还能促进城市人与人之间的交流。因此绿道能够缓解城市居民的工作生活压力，通过绿道为这些人提供一个休闲放松的场所，能够提高居民的生活质量，确保城市居民的身心健康。

载体功能：绿道作为城市的载体能够将城市的历史文化资源连接起来，形成城市具有特色的文化遗产廊道，倡导人们宣扬和继承传统文化，保护历史文化资源。

生态功能：城市中绿道生态功能主要体现在滨河型绿道以及城市中山脉型绿道，主要起到保护水环境，绿化河岸。此外山脉型绿道主要是串联破碎斑块，将城市与山脉连接起来，构成山水组合的空间格局。

②近郊区域绿道的功能

生态保护功能：近郊生态保护主要是河流以及文化遗产的保护。

休闲游憩功能：主要是对近郊公园的连接，构成环城游憩道，方便休息日市民在没有太长时间出游时，能够在城市近郊休闲游憩。

其他功能：主要是为了限制城市无秩序蔓延，同时连接城市与乡村，促进城乡一体化，能够方便城市与乡村生态景观的融合。

③郊野区域绿道的功能

休闲游憩功能：主要是为城市居民提供远距离的郊游空间，包括森林游憩绿道、山间游憩绿道等。

生态功能：主要针对郊野地区的自然环境，建设以河流保护以及农田保护为主的生态绿道，同时能够提供田园采摘观光等活动。

科普教育功能：通过展牌、条码等形式丰富绿道的标识系统，能够科普大自然的知识，丰富人们对大自然的认知。

综上所述，通过对不同区域的景观特征分析以及使用形式分析，将绿道先从区域上进行区分，再根据功能将不同区域进行分类，确定的不同区域的功能特征总结如下：城市绿道应满足休闲游憩（公园、社区）、交通连接、历史文化保护、科普教育、缓解交通的功能；其次近郊绿道应满足生态保护（河流，历史遗迹）、休闲游憩（近郊公园）功能；郊野绿道应满足生态观光（河流、田园）、娱乐游憩（森林游憩、山林游憩）、科普教育功能（表2-7）。

表2-7 不同区域绿道执行功能分析

区　域	执行功能
城市绿道	休闲游憩、交通连接、历史文化保护、科普教育
近郊绿道	休闲游憩、生态保护、其他功能（防护）
郊野绿道	生态观光、娱乐游憩、科普教育

2. 绿道分类体系分析

综合上述，国内外绿道分类体系对于绿道的分类都存在层次单一的问题，当然这里提到的层次单一是指在根据绿道功能进行分类的模式下。绿道分类主要有两种模式：

其一是绿道等级划分。即同道路分级形式相似，例如我国根据行政区域将绿道划分为区域级、城市级、社区级；这种分级主要应用在珠江三角洲地区，在2013年北京颁布的绿道网络规划中也从层级角度对绿道进行了分类，在北京市绿道分级中同珠江三角洲地区略有偏差，北京市绿道层级分为市级绿道、区县级绿道以及社区级绿道三个层次。美国根据行政区域将绿道划分为区域层级、地方层级，以及场所层级（如新英格兰层级绿道规划）。上述几种分类方式尽管在名称上有所差别，但是在划分性质上相同，都是按照行政等级对绿道进行划分。

其二是绿道的功能分类。从上述国内的绿道功能分类系统可知一部分是按照区域将绿道划分为生态绿道、郊野绿道以及都市绿道，这种分类应用在我国珠江三角洲地区。此外，还有一部分绿道分类是根据绿道的具体功能进行划分，例如在北京市绿道规划中绿道按照功能划分为生态绿道、风景绿道、历史文化绿道、城市交通绿道四种绿道类型。各界人士在针对绿道研究过程中提到的绿道分类方式，主要有以下几点不足：

（1）从绿道分类层次上来看　根据文献资料以及实地考察发现，绿道按照功能分类的层次单一，并且一个地区绿道分类多样，没有明确的分类标准。不论是在实践还是理论上对于绿道具体的分类标准没有明确，各类型绿道也没有明确的功能定位。

（2）从绿道的划分类型上看　绿道类型多样且出现同一标准下的绿道类型并不属于同一类绿道，各类型绿道有交叉重叠现象，不能明确每一种类型绿道的范围，这就导致绿道建设标准不统一，每一种绿道建设形式也较为杂乱。

（3）从绿道的功能上来看　目前已建成绿道更多追求多功能综合性绿道，缺少主导功能，这就导致绿道在建设过程中由于功能定位不明确，呈现出千篇一律的现象，各种类型绿道仅仅是在名称上有所不同，而其建造形式普遍雷同。这就使得各种类型绿道没有发挥其本身特色，不能凸显不同类型绿道的差别，同时也失去了绿道本身的独特性。

（4）从绿道的服务性质来看　部分绿道所服务的范围较小，有些绿道建设不合理，不仅没有为居民提供便捷，反而劳民伤财，这就违背了最初建设绿道的初衷。绿道作为基础设施建设，应当用最便捷的方式实现最优质的服务，因此绿道建设应该满足为人民服务的要求，从人的角度出发，充分考虑居民的需求，建设以人为本的基础设施绿道。

（5）同一绿道依区域设定相应的功能　对于连接多个区域的同一条绿道，依旧按照区域不同进行不同建设形式的区分，即使同属于一条绿道，但是其不同区域依旧存在地域差异，因此也分为不同绿道段。例如一条跨越城市、近郊、远郊三个区域的生态绿道，因其所在区域不同，绿道对于该区域的建设要求也是不同的，应划分为城市生态绿道段、近郊生态绿道段和郊野生态绿道段。

（二）绿道功能分类体系构建及评价

1. 绿道分类体系构建

通过对国内外绿道分类体系的梳理分析，结合我国城市的实际情况，可以将绿道按照功能分类。绿道建设的出发点是为人们提供更加便捷舒适的休闲娱乐空间，而生硬地按照行政区域划分就缺少了亲民性，同时在绿道建设的合理性上也有一定的偏差。因此从绿道功能角度出发，应充分考虑居民以及社会的需求，提炼出对应这些需求绿道应具备的功能，从而对绿道的类型进行定位，最终形成更具合理性的绿道分类系统。

将地域作为一级绿道的划分标准，将绿道功能作为绿道分类的二级绿道划分标准，形成地域与功能结合的绿道分类方式，共同组成绿道分类体系。根据一级区域中绿道的功能，对每一个区域内绿道按照功能进一步划分，使每一条绿道都具有独特的功能特征，并且主题性强、辨识性高。该分类系统具有较强的适应性，能够适用于大部分城市的绿道建设（表2-8）

表2-8　绿道分类体系

一级	二级	功　能	分布特点
城市型绿道	城市—交通辅助绿道	通行、连接	位于城区内交通道路两侧，主要起到辅助交通的功能
	城市—游憩绿道	休闲游憩	以城区内部公园为连接点，串联城市内部各个景区
	城市—生态绿道	观光、生态保护与修复	沿着城市河流分布，主要起到绿化河岸、优化景观的作用
	城市—历史文化绿道	历史文化保护、科普、宣传教育	串联城市内部文化景观节点，发挥文化保护及宣传作用
	城市—生活绿道	休闲、娱乐、健身	将社区同周边景观连通，便于人们在日常时间休闲娱乐

（续）

一级	二级	功能	分布特点
近郊型绿道	近郊—生态绿道	生态保护、生态修复	位于城市近郊区域，沿近郊河流分布
	近郊—体验绿道	体验、娱乐	主要串联田园景观节点，并依附一些田间活动建设
	近郊—游憩绿道	观光、游憩	串联郊区各个公园节点，形成较为开阔的户外观光路线
	近郊—防护绿道	防护、隔离	沿城市边缘建设，主要是发挥保护农田，防止城市扩张的目的
郊野型绿道	郊野—生态绿道	生态观光、生态保护	主要是沿着郊外的河流、山川建设，距离城市较远，起到保护河流的作用
	郊野—历史遗迹绿道	科普、历史文化保护、宣传	目的在于连接成为历史节点，保护遗址遗迹等，起到保护文化的作用
	郊野—游憩绿道	生态游憩、康养	分布于城外山区，建设环山绿道，适用于自驾游等
	郊野—经济绿道	旅游效益、生态效益	主要分布于各个旅游景区，通过连通景区促进旅游景点旅游收入

2. 绿道分类体系评价

从地域以及功能两个角度考虑绿道的分类体系，综合前人的经验，在实践上也有一定指导意义。

（1）从地域上划分明确了绿道的服务范围，从城市、近郊、远郊三个区域对绿道进行方位划分，明确了绿道的区域性质。不同区域发展程度不同，对绿道建设的功能要求也不同，从国外绿道类型中也体现出这一点，因此在此基础上对绿道进行区域定位更为合理，同时还能够充分体现出不同区域的特色。

（2）在区域分级的基础上，再根据不同区域绿道发挥的功能，进一步划分，这对于体现区域特色，发挥绿道功能具有重要意义。城市、近郊、郊野三种地域特色，其人文需求、发展需求等都为绿道功能的体现奠定基础，同时更体现该分类体系同实际的结合，充分证明其合理性。

（3）绿道同交通道路性质不同，道路是为了连通，包括省份与省份之间，城市与城市之间，区县之间以及村落之间；但是绿道建设的主要目的都是为了周边居民服务，通过绿道发挥各种不同的功能，连通功能并不是绿道建设的主要目的，否则绿道就失去了存在的意义。因此，层级式划分绿道并不符合绿道的实际建设要求。

（4）通过对绿道不同区域所发挥的不同功能进行综合分析，最终形成以区域特色为划分依据的一级绿道以及以绿道功能为划分依据的二级绿道，从而构建完整的绿道分类体系。该绿道分类体系不仅能够对已建成的绿道明确定位，还能够指导一个城市的绿道网络规划，这对于我国以后绿道建设具有重要意义。

（5）对于不同绿道类型提出了详细的建设要点，这样更能够突出不同类型绿道的特色，而不仅仅将绿道形式体现在绿道的名称上，这对于绿道类型的体现更有指导意义，同时也防止出现不同类型相同绿道的问题。

因此，这种分类形式更具有系统化、规范化，能够作为每一条绿道建设的指导，同时这种分类系统也更加合理，能够更好地发挥绿道的作用，避免千篇一律。

3. 绿道分类体系创新点

（1）**不同观点下的分类方式**　该绿道分类将地域与功能结合，打破了之前只按照某一种形式分类的方式，同时也避免了不同分类形式混搭的现象，是一种全新的分类观点。绿道从功能和地域上进行绿道系统的构建，即根据绿道执行的功能对绿道进行区域性的功能分类。首先，从分布区域上将绿道划分为城市绿道、近郊绿道和郊野绿道，这样划分的优点在于能够明确各个分布区域的绿道类型。其次，从功能角度考虑进一步的分类，能够全面涵盖一个区域的所有绿道类型。

（2）**全新的绿道分类系统**　从地域和功能两个方面将绿道划分为两级，使该分类体系能够更为全面地涵盖一个区域的全部类型绿道，是一套比较完整的绿道分类系统，该分类系统无论从理论还是实践上都是一种突破，更是绿道分类系统上的创新。

（3）**双名法的绿道分类系统**　该绿道分类将绿道划分为两级，将绿道类型呈现为"某型某类绿道"的命名方式，对于绿道分类更为规范。同时该命名法还避免出现绿道同名不同形式的现象，双命名法能够很好地定位每一种类型绿道。无论该绿道叫做什么，但是根据其所在区域以及功能特征依旧可以定位为"某型某类绿道"。这种命名方式对于绿道的定位更加精确，也能够根据绿道分类体系查阅该类型绿道建设的要求。

三、不同类型绿道建设要点

（一）城市型绿道

从国内外对于都市绿道的研究以及规划来看，城市绿道主要发挥着休闲游憩功能兼具交通缓解、文化保护，以及环境改善的功能。从这几种功能出发对城市绿道进一步进行分类，将其划分为城市交通辅助绿道、城市生态绿道、城市历史文化绿道、城市游憩绿道以及城市生活绿道。下面分别对各种绿道的建设特点进行分析，希望能够为将来该类型绿道建设标准的确立提供参考。

1. 城市—交通辅助绿道

城市是人群聚集的地方，人流相对较为集中，因此在交通上需求较大。从目前城市内部的交通来看，大部分还是以机动车道为主。由于城市发展迅速，旧城区的道路已无法满足交通需求，这就导致自行车道同机动车道共道以及人行道被挤占。这种现象导致人们生活路线长期处于紧张的运行中，缺少必要的慢行空间。建设道路型绿道一方面满足人们在快速运转的生活中找到慢行的空间，减缓生活节奏，另一方面通过美化绿化慢行道也能够提高城市的环境质量，改善城市绿色空间。

（1）建设优势　城市道路型绿道建设大大丰富城市道路景观，提升城市的交通质量，同时在机动车道路两侧建设与之隔离的绿道还能够减少机动车的污染，减低噪声，减小道路对动植物生境的影响。

交通辅助型绿道主要是发挥辅助交通和衔接道路与绿道的功能。相对于其他类型的绿道，该类型绿道的特色体现在其依附道路建设，能够将一定区域内的公路休息区、景观节点等联系在一起，扩大居民的出行范围，减少出行时间，同时也丰富了道路景观的视觉效果。

（2）建设要点

①道路型绿道建设要沿着道路两侧建设，需要建设绿色植被带使其与机动车道隔离，绿色植被带是道路绿道建设的绿色本底。一方面能够减少道路对城市中动植物生境的影响，另一方面能够增强道路景观同自然景观的协调性。《绿道规划设计导则》指出城市交通辅助绿道要因地制宜，将绿道设置宽度考虑为1.5~2m，以单行人行道为主，设置于道路两侧。

②道路型绿道是交通道路的辅助组成部分，因此应该起到必要的交通指引作用，所以在道路绿道建设中还应设置交通宣传牌、展板，以及标志性、警示性设施等，起到交通安全科普以及指导的作用。

③道路型绿道建设还应符合当地环境特征，凸显当地景观特色。例如，沿河流或者在山地中建设的道路型绿道要依附地形特征，充分体现当地自然景观以及人文景观。

城市道路辅助绿道意向图如图2-9所示。

图2-9　城市交通辅助绿道

2. 城市—游憩绿道

由于城市发展以及人口增多，导致城市绿地呈现出破碎化、斑块化，众多城市公园甚至成为城市中的孤岛，各个城市公园呈现出不连续的特征。而城市公园型绿道主要是代替柏油马路，将城市中仅靠交通维系的公园通过绿色廊道串联起来，保持城市内部公园景观的完整性，同时也增加公园景观的联系。

（1）建设优势

①城市游憩绿道能够将城市中孤立的公园串联起来，保证了城市内部景观的完整性，对于城市整体的景观内涵具有积极意义。

②城市游憩绿道主要发挥休闲游憩的功能，该绿道类型建设充分满足市民对于出行游览的需要。通过绿道的串联，方便市民从一个公园到另一个公园的出行，可以节省很多出行时间，改变以前仅仅依靠交通路线到达各个公园的方式。同时对于观光者还能够节省更多的时间，使其能够快速游览城市中的各个公园。

③城市游憩绿道对于交通也起到一定的缓解作用，人们出行不必坐车或者开车到达公园，可以通过骑行更快捷地到达目的地，这大大缓解了交通出行压力。有研究表明人们更乐意通过骑行或者步行的方式到达景区或公园，因此建设城市公园型绿道能够有效缓解交通压力。

（2）建设要点

①城市公园型绿道建设范围为城市中各个景点之间，主要是连接城市中的公园，因此规划过程应充分考虑景观的连接性。

②该类型绿道建设过程中应考虑到与其他类型绿道的衔接，例如与生活型绿道的连接，方便居民从社区到达公园。《绿道规划设计导则》规定城市游憩绿道设计宽度以2~3m为宜，双向通行，满足自行车和人行错车需求。

③在建设过程中还应该注重绿道标识系统的设置，包括绿道绿线指示牌、交通警示牌等，为骑行或者步行的人提供明确的道路指引。同时在建设过程中还可以根据即将到达的公园在绿道线路上做一些景观引导，通过简单的小品、文字、雕塑等，加深人们对公园的认识。

④在公园节点串联过程中时应充分考虑同交通道路的衔接以及隔离，尽可能避免受到机动车道的干扰，同时绿道铺装以及形式要与交通道路有明显区分，这样能够增加公园型绿道的辨识度。

城市游憩绿道意向图如图2-10所示。

图2-10 城市游憩绿道意向图

设置休闲游憩节点、娱乐设施等，同时增加导向性标牌以及景区介绍。

3. 城市—生态绿道

城市河道作为人类赖以生存的生命之源，对我们的经济发展以及社会生活都具有重要的意义，然而由于工业技术的发展导致我们的河流污染严重，甚至成为城市生活中藏污纳垢的场所，严重影响城市发展。城市河流污染非常严重，生活垃圾、工业废水等排入河道，严重影响了城市内部河流状况。通过建设城市河流绿道，可以缓解城市河流污染状况。有研究表明，城市河道两侧种植绿化带等，能够有效缓解河流污染情况，保持水土以及养分，控制沉积物（刘平，2016）。

（1）建设优势

①城市生态道路主要起到生态保护和生态修复的功能，对于城市河流修复以及河流环境改善具有积极意义，能够有效净化水体，改善河流质量，还城市一条美丽的河流。

②城市生态型绿道建设能够通过绿植改善城市河流局部小环境，保护河岸带的动植物生境，同时植被带还能够起到防洪防汛的作用。

③该类型绿道建设还能够改善城市河流景观，城市河流周边分布较多的滨河公园、景观节点，通过滨河型绿道建设能够将这些景观串联起来。一方面可扩大河流景观的服务范围，为城市居民提供更多的娱乐空间且不受机动车干扰；另一方面还能够带动周边住房区、商业中心等经济发展。

（2）建设要点

①城市生态型绿道建于城市建成区内，主要依托城市内部河流建设。根据《绿道规划设计导则》，该类型绿道建设宽度以2~3m为宜，分布于河岸两侧，河岸绿化隔离带宽度应不少于8m，便于打造河岸景观。

②城市生态型绿道建设应满足改善河流以及城市小气候的目的。因此要求滨河绿道的植物配置应具备丰富的植物种类，采取乔灌草结合的方式进行植物配置，改善局部小气候，同时可净化河流。

③该类型绿道建设应该充分考虑与机动车道的分离，尽可能采用坡堤式分离方式，增加植被缓冲带，使滨河绿道构建于城市道路下方，这样还能够起到防洪蓄洪的作用。

④生态绿道尽可能增加较多的景观小品，以及入水空间，能够为居民提供更多的滨水娱乐空间，充分考虑人们亲水的心理需求，营造更多滨水趣味空间，并结合水生植物种植，丰富水体景观。

城市生态绿道如图2-11所示。

图2-11　城市滨河绿道

4. 城市—历史文化绿道

文化体现出一个城市的发展历程，而城市历史文化型绿道建设的目的在于将一个城市的发展历史以及发展过程中形成的独特的文化串联起来。这样以文化线路作为城市历史文化型绿道规划选线的基础，增加了历史文化型绿道的识别度以及主题感（文华，2015）。该类型的绿道注重历史文化保护、宣传教育以及传承的功能，利用城市建成区内现存的历史文化遗迹、文化节点等建设城市历史文化型绿道，该类型绿道同时还具有一定休闲娱乐功能。

（1）建设优势

①城市作为人类生存发展的产物，存在众多历史遗留的优秀文化成果，建设城市历史文化型绿道能够对城市内部历史文化起到保护作用。

②城市历史文化型绿道能够凸显城市的特色，同时也能够表现绿道的主题性，避免千篇一律，提高绿道的辨识度。对于城市景观提升、文化展现具有更加显著的作用，通过绿道将城市内部文化景观联系起来更突显城市景观文化的凝聚力。

③该类型绿道建设同时也增加了城市休闲娱乐空间，丰富居民生活，提高居民生活质量，为城市居民生活注入文化休闲内涵，扩大居民出行空间，提炼城市文化精髓，打造极具魅力的文化之都。

（2）建设要点

①历史文化型绿道建设于城市建成区内，选取城市内部文化集中的区域，将具有文化特色的节点通过绿道串联起来，形成城市文化线路，充分体现绿道的文化主题，增加绿道的辨识度。

②因地制宜，符合当地文化特色。例如，法国米迪运河文化绿道建设，充分利用沿运河形成的运河文化以及历史遗留的教堂、庄园，以及运河发展过程中建成的水利工程等构成法国运河文化绿道的一部分，充分体现当地特色。

③植物选取以当地树种为主，结合植物配置，将具有文化特色的树种做为城市文化型绿道植物配置的主要树种，例如竹文化、桃文化、松柏文化等。

④文化保护绿道设计宽度符合城市绿道设计规范，以1.5~2m为宜，以步行道为主，限制自行车通行，并设置不少于4m的绿化隔离带，从而打造文化绿道空间。

⑤文化型绿道一方面要注意文化保护，另一方面也要致力于文化传承。宣传展板、科普栏、文化小品等应充分体现每一条文化型绿道的文化特色，宣扬其特有的文化氛围。

城市历史文化绿道如图2-12所示。

图2-12　城市历史文化绿道

5. 城市—生活绿道

城市是人类生活的地方，因此建设城市生活型绿道是一个城市最基础的设施。生活型绿道主要位于居住区、社区附近，发挥休闲、娱乐、健身的功能，同时也方便人们就近使用绿道，该类型绿道还具有连通外部的作用。

（1）建设优势

①城市生活型绿道便于城市中绿道附近居住区居民使用，并且方便一些行动不便的人群就近也能体验城市绿道的风采。这种绿道更能够体现出一个城市的宜居性。

②该类型绿道建设能够提高人们的生活质量，同时也适合忙于工作的人群在下班时间就能够享受一个美好的放松空间，大大缓解人们紧张的工作生活，对于整个城市的发展具有重要意义，能够较为明显地提升城市居民的幸福指数，打造一个宜居宜乐的城市形象。

③该类型绿道对于环境改善也具有积极影响，并且提升土地利用价值，缓解由于人群密集带来的城市热岛现象，改善局部小气候，降低城区与郊区的温度差。这对于城市居民居住环境乃至整个城市环境的改善都具有重要意义。

（2）建设要点

①城市生活型绿道建设区域主要是城市内部居住区，通过生活型绿道对内延伸到居住区内部，方便居民就近休憩娱乐，对外连接城市中其他类型绿道，如滨河绿道、道路绿道等。城市生活型绿道是居住区、社区同外部空间连接的纽带。

②在植物配置上，城市生活型绿道建设更加注重人居环境的改善以及人的安全。因此在植物配置时应充分考虑植物的观赏性以及是否会对人体产生不良影响。例如，一些带刺或者有毒性的植物在绿道景观设计中要避免使用；应充分考虑植物的造景功能，尽可能体现出四季有景；同时，充分考虑如何打造温馨家园，通过树种的搭配以及色彩变化达到温馨舒适的效果。

③在绿道设计过程中，充分考虑使用人群。由于城市生活型绿道主要是在居民区以及社区附近，使用人群较为广泛，包含老人、小孩、残疾人等，因此应在自行车道以及人行道基础上增设残疾人通道，绿道坡度尽可能保持较小的坡度差以确保安全。从宽度上来看，生活绿道设置宽度为1.5~2m为宜，以居民步行为主，通向城市游憩绿道。

④在绿道的建设过程中尽可能设置较多趣味性节点，或者色彩丰富的路面铺装，能够使绿道空间更加活跃、舒适、放松，同时也是为小孩提供一些有趣的空间，体现出孩童嬉戏之趣。

城市生活绿道意向图如图2-13所示。

图2-13　城市生活绿道示意图

（二）近郊型绿道

随着城市的发展，一些城市的近郊与远郊距离以及界限有一定变动，因此近郊远郊界限应根据具体城市发展状况确定。近郊作为一个距城市最近的区域，其对城市的发展、居民生活等具有重要意义，主要承担为城市提供水源、食物、生活用品等功能，因此在郊区建设绿道更有利于环境改善以及食品安全。从近郊区域常见的景观资源分析入手，将近郊绿道划分为近郊滨河型绿道、近郊观光型绿道、近郊田园型绿道以及近郊防护型绿道。

1. 近郊—生态绿道

近郊生态绿道主要依附近郊河流建设。从近郊区域的河流来看相对城市内部较好，但是依然由于一些工厂以及城内污水排入导致部分河流水质污染严重，并且一般近郊区的河流为自然驳岸，土壤流失时有发生。从这些现状入手分析滨河型绿道建设应主要发挥净化水体、保护河岸的功能（张怡，2014）。

（1）建设优势

①通过建设沿河绿道能够缓解水质污染、净化水体、另一方面还能够减少土壤流失，这对于近郊区域河流周边环境具有重要意义。

②郊区河流景观也是人们接近自然、体验自然风光的一种形式，人们的亲水心理更渴望能够在远离城市的区域体验到自然山水，这对于城区居住的市民来说也是近郊游的一种体验。

③近郊生态绿道对于河岸两侧动植物生境保护具有重要意义，能够减缓由于河流破坏或者污染导致动植物生境的破坏。

（2）建设要点

①植物配置上要求以防护为主，种植能够防沙固土的植物，选择乡土树种，并且要求植物落叶等不会污染水体。

②在绿道修建过程尽可能避免破坏河岸，因地制宜，同时还要利用原有道路进行整修，避免大兴土木。在绿道材质选择上尽可能就近取材，选择木质或者石质，体现滨河绿道特色。

③近郊生态绿道建设以自行车道为主，减少机动车道出行，同时注意同城市内部河流绿道、城郊交通道路相连，保证河流绿道的整体性以及交通的流畅。从绿道的宽度来看，近郊区生态绿道建设宽度应不小于3m，河岸绿化隔离带不少于15m。

近郊生态绿道意向图如图2-14所示。

图2-14　近郊生态绿道意向图

2. 近郊—体验绿道

近郊地区分布有农田，建设近郊田园型绿道能够将田园作为郊游的一道风景。通过田间穿梭、田园体验、田园采摘等娱乐活动，能够丰富居民生活，同时可增加当地经济收入。田园型绿道建设主要分布在城市近郊地区，为城市居民提供更多田园体验之趣，丰富居民生活。

（1）建设优势

①近郊体验绿道建设对于城市居住人群来说，为他们提供了更多休闲娱乐的空间，通过田间穿越、田园体验、采摘活动等，丰富田间娱乐生活。

②体验绿道建设对于当地居民来说提高了居民收入，同时通过田间采摘等也丰富了田间生活，增加当地居民收入，对当地经济发展有一定带动作用。

③该类型绿道建设对于农田等也具有一定保护作用。

（2）建设要点

①在植物选择上不选对农作物有危害的植物，并且对农田有一定的防护作用。

②绿道建设节点尽量选取靠近采摘点地区，也方便游客就近参与采摘活动，还能够带动当地采摘活动发展，增加经济收入。

③田间绿道建设尽可能体现田间特色，铺装等选取当地道路形式，同时在建设过程中减少对农田的侵占，且建设以自行车道为主。绿道宽度应满足双向自行车通行，即宽度不小于3m，两侧设置不小于8m的农田防护景观带。

④绿道周边建设电子展牌等对采摘过程进行介绍，提示注意事项等；设置特色小品，例如草莓、樱桃等；设置休息站点，出售采摘物品以及水果等。还可以设置手工榨汁体验，将采摘的水果进行简易加工，丰富游客对田园乐趣的体验，也可以放心食用无公害水果。

近郊体验绿道意向图如图2-15所示。

图2-15 近郊体验型绿道意向图

3. 近郊—游憩绿道

近郊游憩绿道主要是将近郊区域内各个公园串联起来，形成近郊景观游览路线，方便出行的骑行爱好者或者近郊游览者在游览线路中能够领略整个区域的景观，同时也方便游览者快速到达各个景区。

（1）建设优势

①近郊游憩型绿道建设能够将城市郊区中分散的公园、景区联系起来形成串联城郊景区的重要路线，恢复城郊景观的完整性，这对于城郊景观具有重要意义。

②该类型绿道能够有效改善郊区景观，同时对于维持动植物生境的完整性具有重要意义，提升郊区土地利用价值，对于郊区本地经济发展具有重要意义。

③近郊观光型绿道为城市居民提供了亲近自然的机会，弥补了城市休闲娱乐空间的不足，丰富了居民生活，提高城市居民幸福指数。

（2）建设要点

①游憩型绿道建设地点为城市近郊区域，要求能够将近郊区域内各个公园联系起来，形成近郊观光绿道网络。绿道宽度以满足双向自行车通行为标准，即宽度不小于3m，同时设置与道路之间的隔离带，宽度不小于8m。

②游憩型绿道主要应起到串联作用。因此应设置休憩节点、线路指示牌、标识等，方便近郊游览者能够有一个清晰明确的线路。

③该类型绿道建设还应注重同公园内部绿道的连接，使骑行者、游览者能够更方便进入景区。此外，还要与近郊区内其他类型的绿道衔接，游憩型绿道作为联系各种绿道类型的主线路，在连接作用上应更加完善。

④绿道的铺装尽可能采取不同色彩或材质，使其能够同交通线路有明确的区分，突出串联型绿道的主题和辨识度。

4. 近郊—防护绿道

由于城市的扩张导致众多该类型绿道主要是起到防护作用，并限制城市无限制扩张。因此，近郊防护型绿道主要是起到保护村庄、农田，同时对城市扩张起到限制作用。意向图如图2-16所示。具体建设要求如下：

①防护绿道建设区域位于城市内城与近郊之间，通过建

图2-16　近郊防护型绿道

设防护型绿道对城市进行限定，也是对近郊地区的保护。

②尽可能选择具有防护作用的植物，选择节点要选取道路连接点。

③该类型绿道建设除了限定作用，还要同内外绿道衔接，对内衔接城市内部绿道，对外衔接近郊区域绿道。由于其使用频率较小，绿道宽度不宜过宽，以2m为宜。

④该类型绿道主要起到防止城市扩张，保护农田的作用，同时能够连接城市型绿道和近郊型绿道。

（三）郊野型绿道

郊野型绿道建设主要是在城市远郊区域建设，远郊地区风景大部分保持了其原有的自然状态，受到城市污染的情况较少，环境优美。通过建设绿道能够更加有效地利用这些景观资源，通过绿道将自然风光打造成人们户外体验的场所，对人们的生活以及城市的发展具有重要意义。

1. 郊野—生态绿道

从郊野河流的状况来看较少受到城市的污染，河流状态良好。因此沿河修建滨河绿道是对自然山水的最佳利用方式，通过绿道能够让人们领略天然的水体风光，更能够体验大自然的美丽。郊野滨河绿道的建设一方面能够使人们亲近自然，另一方面对于水体的保护也具有极其重要的意义。

郊野生态绿道建设从连线上应该沿河流分布，或沿湿地分布，同时还要求同近郊区域的滨河绿道连接，保持河流绿道的完整性。绿道宽度设置以自行车和私家车为参考，宽度应在3~5m之间，满足自行车和私家车通行。

①该类型绿道在建设过程中尽可能选择对水体无污染的材料，同时在建设过程中不能占用河道。

②在植物选择方面要选择能够保持水土的植物，对于河流具有一定保护作用，并且不会污染水体，能够起到净化作用。

③要在一定距离上设置休息站、换乘站等，同时还要同交通路线有衔接，方便游客出行。

郊野生态绿道意向如图2-17所示。

图2-17 郊野生态绿道意向图

2. 郊野—历史遗迹绿道

郊野历史遗迹绿道主要是将远郊区域中的历史遗迹包括人类遗迹、自然遗迹连接起来，形成郊野文化生态廊道，其中人类遗迹包括一些古老的建筑、遗址等。自然遗迹包括地质公园等都属于绿道的连接点，通过绿道将这些遗迹联系起来，更加清晰地展现在人们眼前，这对于一个城市的发展具有重要意义。同时绿道建设还能够带动周边旅游业的发展，对于提高城市软实力和增加旅游产业收入具有重要意义。该类型绿道主要发挥文化保护、宣传以及科普等功能，具体建设内容如下：

①明确远郊区域中历史遗迹的位置，使绿道能够尽可能将这些景点联系起来，构成城郊文化绿道网络。这样能够使人们在沿着绿道骑行或者驾车时能够领略更多风光，对郊野地区的景观有充分的认识。

②建设历史遗迹型绿道要注重文化内涵，在绿道建设中的小品设计、道路铺装以及树种选择要尽可能贴近文化内涵。

③注重同景区内部绿道的连接，将串联绿道延伸到景区内部，这样更方便人们通过绿道进入景区内部。该类型绿道以自行车游憩为主，宽度设置应满足自行车交互通行，宽度应不小于3m。

④由于远郊区域距离城市较远，因此绿道建设类型主要是自行车道和自驾游机动车道，注重植物的景观搭配。

郊野历史遗迹绿道意向图如图2-18所示。

图2-18　郊野历史遗迹绿道

3. 郊野—游憩绿道

大部分城市周边为山区，要从当地环境出发建设环山绿道或森林绿道。环山绿道主要是在山地较为平坦地区建设，甚至可以环山而建。森林绿道主要是通过林下空间的体验，充分发挥林下空间的优点。森林区域自然植被丰富，景观优美，因此依据森林、山地建设绿道不仅能够体验登山的乐趣还能够达到养生的效果。具体建设要求体现在以下几个方面：

山野中绿道建设要充分考虑山体的稳定性，在建设过程中要选择适宜开发的位置建设，避免发生自然灾害。

建设环山绿道时要考虑安全性，在绿道的一侧或两侧设置防护栏，防止发生拥挤碰撞。绿道通行以自行车和私家车为主，宽度应设置在3~5m之间。

该类型绿道建设无须特地进行植物配置，因为山地植被丰富，并不需要人工造景，但在建造过程中要尽量避免破坏植被，保持植被原有的完整性。

山野中绿道要考虑同交通绿线的衔接，同时还要考虑尽可能多地覆盖城市周边的山地，使环山绿道能够连成一片，覆盖范围广，形成环山绿道网络。

森林绿道建设体现两种绿道形式，一种是林下绿道空间，一种是环森林绿道。结合森林康养主题，建设主题性绿道。

森林绿道建设要注重森林保护，避免在建设过程中破坏植物生境，建设材料尽可能地就地取材，不建议油漆马路形式。

森林绿道主要为自行车道和人行道，可设置游憩娱乐节点，方便人们换乘、休闲娱乐等。

森林绿道中要注重科普，设置科普展牌、树种标识牌等，主要讲解一些森林养生以及植物认知的知识，能够让游客在游览的同时感受大自然的魅力。

郊野游憩绿道意向图如图2-19所示。

图2-19　郊野游憩绿道意向图

4. 郊野—经济绿道

由于郊野区域含有较多国家森林公园、地质公园等，因此通过绿道将这些景点联系起来，不仅能起到游憩的作用，更重要的是能够带动周边经济的发展，增加旅游景点的经济收入，对于当地旅游业的发展具有重要作用。

经济型绿道要求串联郊野地区的各个景区、景点，以最便捷的方式连通，方便游客到达自己想去的景点，绿道以私家车通行为主，宽度应不小于5m。

经济型绿道要求能够带动周边经济，因此建设时应该更贴近景点周边的居民区，从而方便当地居民以各种形式发展旅游周边产业，带动当地经济发展。

　　绿道建设尽可能连通景区内部绿道，方便一些骑行爱好者能够入园游览，也能够提高旅游经济效益。

　　建设优势：经济型绿道的建设一方面能够有效带动周边经济，对于一些经济来源较为单一的当地居民来说更是一种改善，因此绿道的建设对于平衡经济发展，带动周边经济增长具有重要意义。另一方面经济型绿道建设还能够丰富景区周边景点以及景区之间的连通性。

第一节　北京市老城区绿道规划背景

北京市位于华北平原西北边缘，西山、燕山围绕，境内五河贯穿，拥有大面积水体、森林、山地，动植物种类繁多，自然资源极其丰富。北京是中国历史文化名城，辽、金、元、明、清都曾建都于此，留下了大量的珍贵古迹，从古代的宫殿庙宇到优秀的近现代建筑，都蕴藏着浓厚的文化气息。北京市老城区泛指北京市二环（含二环）内所涵盖的区域，即东由东直门北桥沿东二环至左安门桥，南由左安门桥沿南二环至菜户营南路，西由菜户营南路沿西二环至西直门北大街，北由西直门北大街沿北二环至东直门北桥。土地面积62km²，据北京市统计局2015年数据显示，北京市二环内常住人口148.1万人，占全市常住人口的6.9%（北京市统计局，2015），人口密度为23696人/km²。根据2016年北京市城市绿化资源数据显示，东、西城区的绿地面积总计2140hm²，占两城区总面积的23.13%。

一、老城区绿道分布现状及规划要素分析

（一）老城区绿道分布现状

北京市的绿道网络由市级、区县级、社区级三个层次的绿道构成，综合发挥了生态、景观、历史文化及绿色交通的功能。绿道网络规划将"一道绿隔"、"二道绿隔"、"楔形绿地"等生态控制区域连接，在城市无限扩张的严峻形势下，缓解了新旧城区间生态建设问题；在风景优美的绿色空间内建设绿道，提高了风景资源的可接近性，也满足了社区内居民休闲游憩的需求；北京市内有很多历史文化资源集中的区域，绿道网络串联了历史文化遗迹、风景名胜区、文化景区等区域，对北京的文化资源起到了有效地保护和宣传作用（图3-1）。

图3-1　北京市老城区绿道网络现状

　　目前北京市老城区内现有的绿道及规划绿道主要集中在环二环道路、什刹海沿岸、皇城根遗址沿线以及皇城护城河一侧（图3-1和表3-1）。其中1-2、2-3、3-8段绿道在北二环以北，不在本研究的范围内。

表3-1　北京市老城区绿道现状

区段	名称	用地类型	长度（m）	用地情况
1-2	护城河绿道	绿地改造	887.1	北二环北侧带状绿地
2-3	护城河绿道	绿地改造	531.1	北护城河北侧绿化带
3-4	支线	借用非机动车道	304.4	新街口大街非机动车道和小铜井胡同
4-5	皇城绿道	游径改造	2668.3	西海西沿和东海东沿
5-6	皇城绿道	结合规划绿地实施进行建设	1204.4	玉河河道两侧规划绿地
6-7	皇城绿道	游径改造	3543.5	皇城根遗址公园和正义路绿道
3-8	护城河绿道	游径改造	5342.5	北护城河北侧绿化带
8-9	护城河绿道	绿地改造	4592.4	东二环外侧绿道
9-10	护城河绿道	借用非机动车道	672.1	东二环辅路非机动车道

（续）

区段	名称	用地类型	长度（m）	用地情况
10-11	护城河绿道	游径改造	7418.9	南护城河步行道
11-12	护城河绿道	游径改造	5078.2	西城区营城建都绿道二期
12-13	护城河绿道	游径改造	2626.9	西城区营城建都绿道一期
13-14	护城河绿道	借用非机动车道	789.0	道路一侧非机动车道
14-15	护城河绿道	游径改造	3466.6	二环道路内侧带状绿地
15-1	护城河绿道	借用非机动车道	1298.4	二环辅路非机动车道
14-16	护城河绿道	绿地改造	5647.3	皇城护城河一侧规划绿地，远期建设，近期可借用前三门
16-10	护城河绿道	游径改造	1376.8	明城墙遗址公园带状游径

来源：北京市绿道规划

（二）老城区居住区分布

新中国成立前，城市活动基本集中在二环内，各种生活服务设施齐全，是城市居民居住的核心地区；随着城市化的发展，城市建成区不断扩张，老城区内"见缝插针"建设一些以旧式的平房、四合院为主的住房，这类居住区域分布集中，建筑密度大，住房相对拥挤，配套设施较差。为了分析，选取面积大于$0.5hm^2$的居住小区及住房聚集区为研究对象，分析绿道的使用需求和可达性（图3-2）。

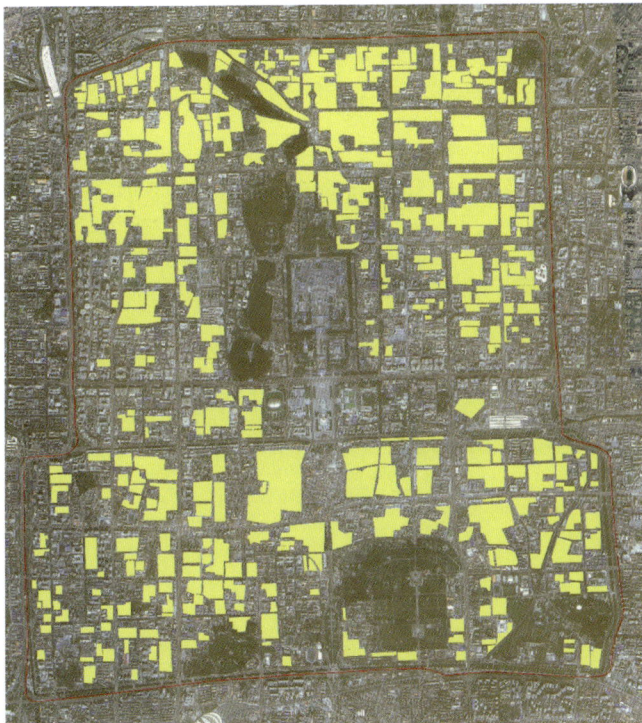

图3-2　北京市老城区居住区分布图

（三）老城区历史文化资源分析

1. 老城区文化资源分布

新中国成立后城区内的许多老式建筑被拆除，老北京的外城墙、城门、牌坊、老市场等都已荡然无存，老城区独特的传统文化被遗忘。因此，北京市针对人文资源的保护做了《北京历史文化名城保护规划》等相关规划，据北京市文物局统计信息显示，老城区内现有世界文化遗产2处，全国重点文物保护单位66家。将老城区内的众多文化资源通过绿道网络连接起来，既能够起到保护与宣传的作用，也能够方便居民在游憩的同时领略城市文化魅力。

（1）世界文化遗产　能够被冠以"世界文化遗产"之名无疑代表着文化保护及传承的最高等级，截至2016年7月我国已有30项世界文化遗产，其中在北京市老城区内有两处：天坛、故宫（表3-2）。

表3-2　北京市老城区世界文化遗产名录

序号	名称	面积（hm²）	建设时间	申遗时间	文化内涵
1	天坛	206.42	1420年	1998年	为明清两代帝王祭祀皇天、祈五谷丰登的场所，具有严谨的建筑布局、奇特的建筑构造及华丽的建筑装饰，是我国保存至今最大祭坛建筑群
2	故宫	73.21	1406年	1987年	原紫禁城，是明清两朝的皇家宫殿，极具建筑、景观与文化价值

（2）国家级重点文物保护单位　北京市老城区作为早期的内、外城，遗留下了许多皇家建筑、宗亲府邸、寺庙禅院；同时作为新中国的首都，又建设了大批学校、医院、外交场馆。可以说北京老城区是不同人群、不同背景的文化聚集地，是串联古今的历史见证者，除天坛和故宫外，目前老城区内国家级文物保护单位有64家，其中社稷坛、太庙、北京城东南角楼、景山、北海及团城游憩价值更大，因此作为游憩资源考虑（表3-3、图3-3）。

表3-3　北京市老城区国家级重点文物保护单位名录

序号	名　称	面积（hm²）	年代	序号	名　称	面积（hm²）	年代
1	北京大学地质学馆旧址	0.18	1935年	31	西交民巷近代银行建筑群	15.94	清
2	基督教中华圣经会旧址	0.37	1911年	32	基督教中华圣公会教堂	0.15	1907年
3	东堂	0.84	1655年	33	克勤郡王府	0.72	清
4	普度寺	1.30	1650年	34	万松老人塔	0.05	金
5	文天祥祠	0.32	明	35	中南海	100.61	金

（续）

序号	名　称	面积（hm²）	年代	序号	名　称	面积（hm²）	年代
6	亚斯立堂	0.44	1870年	36	西什库教堂	0.86	1888年
7	协和医学院旧址	7.79	1916年	37	京师女子师范学堂旧址	0.79	1909年
8	孙中山行馆	0.46	清朝	38	国立蒙藏学校旧址	0.31	1913年
9	清陆军部和海军部旧址	1.78	1906年	39	关岳庙	2.73	清
10	柏林寺	1.72	1347年	40	广济寺	1.32	宋
11	东交民巷使馆建筑群	9.63	1901—1912年	41	醇亲王府	2.00	清
12	孚王府	2.67	清	42	北平图书馆旧址	2.93	1931年
13	可园	1.24	清	43	北京鲁迅旧居	0.59	1924—1926年居于此
14	鼓楼	0.69	明	45	北京国会旧址	0.24	1912年
15	钟楼	0.60	明	44	南堂	2.13	1605年
16	崇礼住宅	0.12	清	46	历代帝王庙	2.06	1531年
17	北京孔庙	2.46	1302年	47	大高玄殿	3.01	1542年
18	正阳门	1.23	1419年	48	郭沫若故居	0.17	1963—1978居于此
19	古观象台	1.31	1442年	49	恭王府及花园	5.88	清
20	皇史宬	0.85	1534年	50	宋庆龄故居	2.34	清
21	雍和宫	2.97	1694年	51	妙应寺白塔	1.08	1271年
22	国子监	2.79	1287年	52	袁崇焕墓和祠	0.55	明
23	天安门	2.97	1417年	53	国民政府财政部印刷局旧址	1.12	1915年
24	人民英雄纪念碑	1.04	1958年	54	大栅栏商业建筑	3.88	清
25	智化寺	0.46	1443年	55	报国寺	1.85	清
26	北京大学红楼	0.90	1916年	56	安徽会馆	0.02	清
27	梅兰芳旧居	0.16	1920年	57	先农坛	0.62	1406—1420年
28	李大钊故居	0.24	1920—1924年居于此	58	法源寺	5.45	645年
29	盛新中学与佑贞女中旧址	0.21	1928年	59	牛街礼拜寺	1.00	明
30	辅仁大学本部旧址	2.93	1925年				

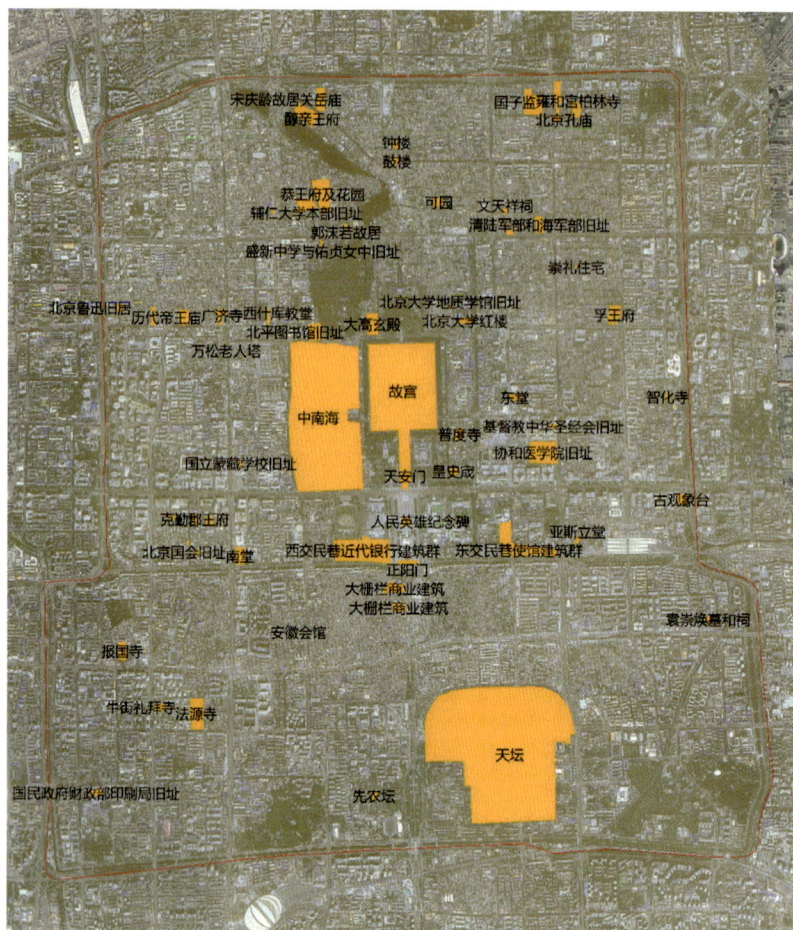

图3-3 北京市老城区国家级重点文物保护单位

2. 老城区文化资源评价

中国有着世界上延续时间最长的文明史，文化资源是这段历史的见证者。北京市老城区内的文化资源涵盖了皇家园林、宫殿庙宇、禅林寺院、墓葬遗址、建筑群落、革命圣地、风土民俗、艺术珍品等多种类型，且级别高、地位重要。

以宣武门、前门、崇文门所在的道路为界，将老城区划分为南、北两部分。可以看出城北的文化资源明显多于城南，由于皇城在城北，因此古代的林苑、亲王府邸、官署衙役、文人宅院都围绕在宫城附近；而城南则分布着距皇城较远、以祭祀祈福为主要功能的场所。新中国成立后，老城作为政治文化中心，吸引了大量的革命家以及文化传播者在城北居住；而城南则大多是普通百姓的居住区，汇集了不同民族、宗教的建筑，以北京当地的坊间文化特色为主。不同的历史背景导致了城北的文化资源较城南相对密集，但无论是南北城，这些资源独特的文化内涵及重要的历史意义都亟待保护与宣传。

虽然老城区内的文化资源丰富，相关政策也强调了对文物本体的保护，但是文物周边环境的重要性还没有得到相应的重视。许多文保单位的周边环境存在安全隐患，没有相应的景观缓冲区（北京市政协文史资料委员会，2007）。

二、老城区自然游憩资源分析

北京市老城区是城市化问题比较严重的区域，建筑毗邻，街道交错，人流量较大，自然游憩资源比较匮乏，人地关系极其紧张。在绿道网络的建设中，满足人们的日常休闲游憩的需求是要解决的主要问题之一，而线形的开放空间能够为更大范围的居民提供亲近自然的户外娱乐场所。本研究选择具有游憩价值的公园绿地及其他块状绿地作为绿道网络中主要的游憩资源。

（一）老城区公园绿地分布

老城区内的公园绿地，为居民的日常出行提供了户外社交场所，能够起到舒解压力、愉悦心情的作用，为人们追求自然，走进自然提供了一个绝佳的场所。同时，将城区内的公园绿地通过线性的绿道连接起来，也减少了人们出行使用机动车的频率，缓解了交通压力，在通往公园的过程中也能够起到调节身心的作用（韩西丽，2004）。

以《城市绿地分类标准》（CJJ/T85-2002）为依据，参考《北京公园分类及标准研究》（北京市公园管理中心，2011），根据老城区特殊的文化背景，按照公园所承担的主要功能及服务特征，将老城区内的公园分为：历史名园、遗址保护公园、文化主题公园、城市综合公园、社区公园、道路及滨河公园六类（表3-4）。

表3-4　北京市老城区公园分类

类　型	定　义	标　准
历史名园	能够反映城市的历史变迁和文化发展，具有一定的历史文化价值	①拥有50年以上的历史；②能够反映城市的历史变迁和文化发展；③园林结构及要素至今尚存，且对外开放
遗址保护公园	以保护文化古迹为目的而建造的公园	①拥有较高历史价值、文化价值的遗址；②将遗址保护和园林建设相结合
文化主题公园	围绕着明确的主题思想创建、具有一定文化内涵的公园	①有明确的主题思想；②以科学和艺术的手段展现文化内涵；③拥有良好的公园环境和完善的服务设施
城市综合公园	设施丰富，具有游憩、文体和科研等多种功能，能够为不同的活动人群提供不同的服务	①面积在30hm²以上；②功能齐全，能够满足多样性的游憩需求；③注重生态、景观、文化的结合
社区公园	为满足一定范围内的居民日常休闲活动，主要服务社区内的老人及儿童	①面积不足10 hm²；②服务于一定区域内的居民；③具备一定的游憩设施
道路及滨河公园	沿城市道路或河流建设的公园	①依城市道路或河流而建；②具有良好的景观效果；③具备一定的游憩设施

1. 历史名园

北京是文化古都，名园众多，具有无可替代的文化、艺术及科研价值，历史名园作为北京建都史的见证者承载了政治、经济、文化发展变化的大量信息。2015年北京市园林绿化局公布了北京市首批25家历史文化名园，有12家都在老城区内，其中宁寿宫花园、故宫御花园属于故宫的园中园，因此作为历史文化资源考虑；天坛公园、恭王府花园、醇亲王府花园（宋庆龄故居）相较于游憩功能其历史价值更突出，也作为历史文化资源考虑（表3-5）。

表3-5　北京市老城区历史名园名录

序号	名　　称	面积（hm²）	建设年代
1	中山公园	19.01	1421年
2	劳动人民文化宫（太庙）	16.42	1420年
3	北海公园	66.10	始建于1166年，1736—1795年扩建
4	景山公园	22.60	1928年
5	陶然亭公园	53.97	1952年
6	什刹海公园	41.70	始建于元
7	乐达仁宅园	0.62	始建于清

2. 遗址保护公园

北京市老城区作为六朝古都，保存有许多重要的历史文化遗迹。遗址保护公园是文化遗址与公园环境结合的产物，述说了北京历代的发展变革，展示了老城区的人文脉络，是重要的历史物证。现在老城区内有3个遗址保护公园，分别是皇城根遗址公园、明城墙遗址公园、西便门城墙遗址公园（表3-6）。

表3-6　北京市老城区遗址保护公园名录

序号	名　　称	面积（hm²）	遗　　址
1	皇城根遗址公园	7.81	历史上为明、清两朝的第二重城垣"皇城根东墙"
2	明城墙遗址公园	10.93	明代城墙，原北京内城城垣的组成部分
3	西便门城墙遗址公园	3.09	明代北京外城西南角城墙遗存

3. 文化主题公园

独具特色的文化主题公园展现了北京的文化多样性、共生性及包容性，丰富了北京文化名城的内涵。老城区内以文化为主题建设的公园有大观园、金中都公园、永定门公园、二十四节气公园（表3-7）。

表3-7　北京市老城区文化主题公园名录

序号	名　称	面积（hm²）	文化内涵
1	大观园	11.11	以红楼文化为主题建设，再现我国古典文学名著《红楼梦》的园林景观
2	金中都公园	4.77	以金文化为主题，展现北京的建都史以及金代的历史文化
3	永定门公园	12.60	永定门为明清北京外城城墙的正门，以展现北京文化为主
4	二十四节气公园	5.00	以二十四节气为主题，宣扬文明古国的民俗风貌，展示传统文化的魅力

4. 城市综合公园

综合公园拥有较大的社会影响力，同时具备了生态、景观、文化等功能特征，能够满足较大范围内人们的出行娱乐需求，是北京现代社会文明的重要展示平台。由于这类公园需要较大的建设场地，而老城区用地紧张，所以数量也相对较少，只有龙潭公园、龙潭西湖公园两处（表3-8）。

表3-8　北京市老城区城市综合公园名录

序号	名　称	面积（hm²）	内　容
1	龙潭公园	38.96	以"龙"文化为核心，是北京典雅的现代化园林之一，拥有独具特色、风格幽雅的古典园林建筑，是居民休闲、娱乐的好去处
2	龙潭西湖公园	71.69	全园分为四个景区，园内种植了百余种乔灌木及各类花卉，环境优雅，景色宜人

5. 社区公园

老城区的居住区密集、人口众多，社区公园能够在一定程度上满足附近居民日常休闲活动的需求，现统计的社区公园有10处，见表3-9。

表3-9　北京市老城区社区公园名录

序号	名　称	面积（hm²）	序号	名　称	面积（hm²）
1	南馆公园	4.06	6	万寿公园	4.36
2	奥林匹克社区花园	0.93	7	官园公园	2.06
3	玉蜒公园	2.54	8	翠芳园	1.50
4	东单公园	4.93	9	长椿苑	2.36
5	宣武艺园	7.32	10	后海公园	1.41

6. 道路及滨河公园

由于北京市特殊的历史背景以及城市规划格局，有许多依道路及水系建设的公园，成为线状的绿色廊道，为更大范围内的居民提供休憩空间，具备生态、文化、景观等多种功能。目前老城区内的道路及滨河公园有5处，见表3-10。

表3-10　北京市老城区道路及滨河公园名录

序号	名称	面积（hm²）	道路或河流
1	菖蒲河公园	2.22	菖蒲河
2	北二环城市公园	1.59	北二环护城河
3	德胜公园	1.18	北二环护城河
4	顺成公园	11.75	西二环路
5	滨河公园	8.23	西二环护城河

7. 老城区公园绿地分布评价

综上所述，老城区内的公园共31处，如图3-4所示，大多在南二环及皇城附近，分布较为集中。据2015年北京市城市绿化资源情况统计，东城区的人均公园绿地面积为6.86m²/人，西城区为3.75m²/人，均小于国家园林城市系列标准的8m²/人。

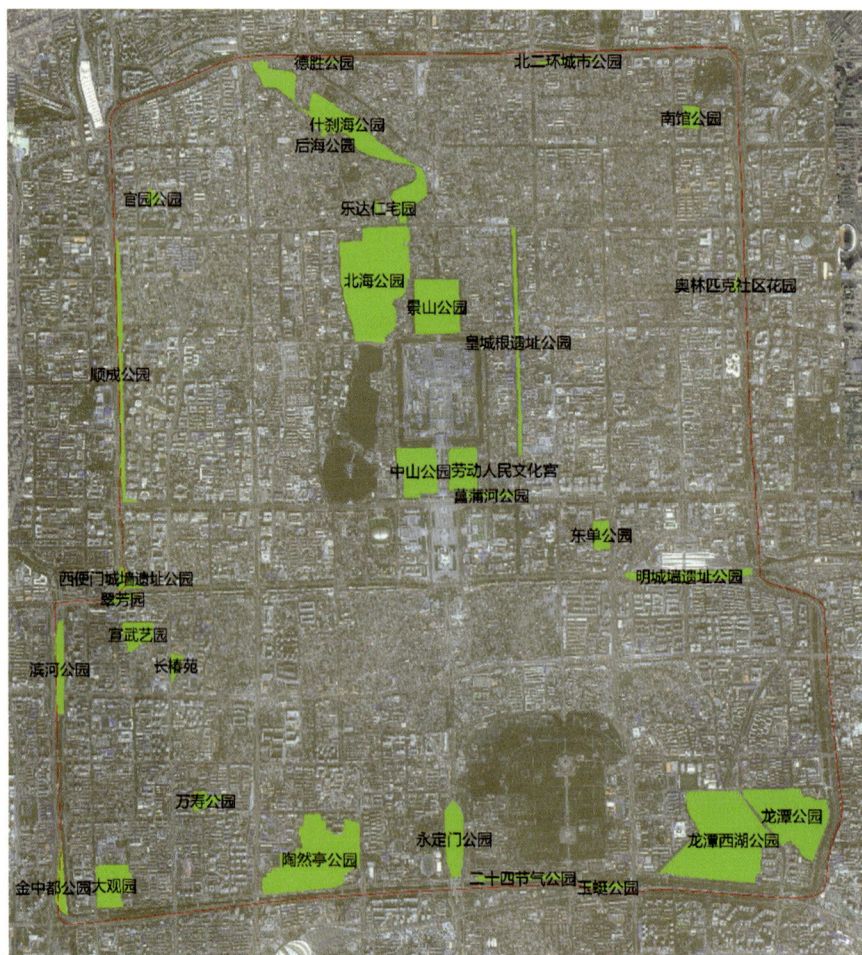

图3-4　老城区公园绿地分布

（二）老城区其他块状绿地分布

除上述已在北京市公园管理处登记的公园之外，还有一些分散在二环内，可供人们休闲游憩的场地，本书选取了面积大于1hm²的绿地斑块，共38处，主要分布在东西向长安街、前门大街及环二环道路旁（图3-5）。

图3-5　老城区其他块状绿地分布

（三）老城区河流水系分布

老城区内的河流水系较少，仅南护城河、筒子河、外金水河及玉河，其他湖泊水系均分布在各个城市公园内，见表3-11。

表3-11　北京市老城区河流水系名录

序号	名　称	面积（hm²）	所在地点	利用情况
1	南护城河	46.29	环绕旧城区外城	输排水、游览
2	筒子河	19.00	故宫外围	游览

（续）

序号	名　称	面积（hm²）	所在地点	利用情况
3	内金水河	0.71	故宫内	游览
4	外金水河	0.80	天安门南侧	游览
5	菖蒲河	0.61	东城区	游览
6	劳动人民文化宫水域	2.24	东城区	游览
7	中山公园水域	2.84	东城区	游览
8	南馆公园水域	0.50	东城区	游览
9	北海	39.00	西城区	游览
10	中海	27.80	西城区	—
11	南海	21.70	西城区	—
12	前海	8.50	西城区	游览
13	后海	17.90	西城区	游览
14	西海	7.55	西城区	游览
15	玉河	1.77	西城区	游览
16	宋庆龄故居水域	0.24	西城区	游览
17	恭王府花园水域	0.27	西城区	游览
18	陶然湖	16.15	西城区陶然湖内	游览
19	大观园水域	15.80	西城区大观园内	游览
20	宣武艺园水域	0.33	西城区宣武艺园内	游览
21	万寿公园水域	0.07	西城区万寿公园内	游览
22	龙潭湖公园水域	14.98	东城区龙潭湖公园	游览
23	龙潭西湖公园水域	24.15	东城区龙潭西湖公园内	游览

来源：北京市旧城区绿地景观空间结构分析。

（四）老城区游憩资源评价

老城区建筑密度高，人口密度大，游憩资源主要集中在南二环及皇城附近（图3-6），数量少，大多数公园超负荷运转；且资源分布不均匀，北城的东西两侧以及南城的北侧基本没有绿地分布，建筑用地巨大的商业价值挤压着城区内的自然游憩资源，较难以满足城区内居民日常休闲游憩的需求。

由于历史原因，老城区内旧有的四合院、平房居住形式占了很大比例，因此有较多的小面积块状绿地。这些块状绿地能够在有限的土地资源中灵活运用、见缝插针，最大限度接近居民，方便日常活动，这些生态上的"孤岛"也是城市绿地系统的基本组成单位（韩宁，2009）。老城区内还有大量沿道路及河流分布的绿化游憩地，但是这些绿地只是单独地作为街旁游园及滨河公园使用，并没有串联起城区内的各种块状绿地，其自然效益和社会效益没有得到充分发挥。皇城及外城的护城河基本为硬质驳岸，缺乏透气性与透水性，水体与土地不能进行物质交换，许多小动物缺乏生存空间。水体的生态环境较差，到了夏天，蚊虫滋生，不利于人们在此进行室外活动。

图3-6　北京市老城区自然游憩资源分布

　　北京市老城区人地关系紧张，绿地建设受限。现有绿道及规划绿道基本是由游径改造或者绿地改造建设而成的，与城区内部资源的连接性较弱。有些区域为了绿道网络的连接性，不得不借用非机动车道，存在一定的安全隐患。

　　北京是文化古都、政治中心，遗留下众多的文化遗产。丰富的文化资源使得相关政策对文物的保护也比较到位，但是城区内的历史文化资源基本上以散点状分布，缺乏连通的网络将这些文化资源整合起来，绿道网络能够使这些珍贵的资源在得到保护与宣传的同时也方便游览。同时一些文化保护单位的周边环境也亟待加强，在保护文物本身的同时，形成良好的景观效果。

老城区内的游憩资源以各类公园和休闲绿地为主，数量少且分布不均匀。一些公园同时承载着历史及游憩的功能，慕名而来的游人较多，大多数公园超负荷运转。老城区内缺少大斑块的游憩绿地，大多数绿地斑块呈散点状分布，景观破碎化严重。在居住区密集的地方也很少有能够满足居民日常游憩需求的室外活动空间，人们需要花费较长时间穿行较远的路程才能到达游憩场地。

第二节　北京市老城区绿道网络规划

一、规划原则与目标

（一）规划原则

1. 系统性原则

绿道网络不同于绿道的一点就是将线型的资源整合成一个系统，在这个系统里各元素之间相互协调、互为补充，实现一加一大于二的功效。在规划中，要将绿道网络作为城市的一个子系统去考虑，衔接好其他规划中的线路，充分利用现有的线性资源及配套设施，促进城市的协调发展。同时，绿道网络本身作为一个整体，要协调好内部的自然资源及人文资源，保持风格的协调性和功能的全面性，各功能要素之间要保持紧密、协调的联系，在保证自身系统性的基础上有机集合，协调发展。

2. 人本性原则

在城区中绿道主要的服务对象是市民，因此在建设的过程中要充分考虑不同人群的使用需求，提供相应的配套设施，创造优美的景观环境。在规划中，从人的心理、生理及行为特征等角度出发，构建合理的游憩空间，体现人性化的设计理念。

3. 生态性原则

绿道网络将破碎的绿地斑块串联成一个有机的整体，能够促进各斑块间的生态交流，维持自身的生态系统平衡，发挥更大的生态效益。绿道的建设需要依托绿色空间，因此要考虑到生物多样性、水文及土壤状况等自然因素，尽量减少对自然环境的干扰和破坏。还要通过连通的绿道网络，维护城市的生态安全格局，加强城市与自然的联系，充分发挥绿道的生态效益，改善城市大环境，促进城市大生态系统的良好发展。

4. 特色性原则

城市化的快速发展，导致理性的城市规划忽略了城市生活和文化的多样性，造成了"千城一面"的现象。北京有着独特的历史文脉、社会记忆以及空间肌理，承载了几代人的荣光与梦想。在规划中，要充分挖掘老城区独特的自然及人文资源，整合珍贵的历史遗产和社会意识财富，构建出一个具有环境认知度及空间归属感的绿道网络系统。

5. 实效性原则

老城区人地关系紧张，土地基本已经开发完全。在用地局促的前提下，不能盲目求大，不顾长远，要充分考虑建设现状，结合实际条件利用现有的道路及绿地进行绿道网络的连接。在规划中灵活借道，尽量避免大拆大建，以现有的资源为主，构建具有实效性的绿道网络系统。

6. 便捷性原则

绿道网络是向公众开放，服务于整个社会的，因此必须具有便捷可达的特性。绿道网络的便捷性不仅要体现在对附近居民的方便程度，短时间内就可以到达，同时还要保证与城市其他交通系统的衔接性，在公交站、地铁口等地设置出入口，提高绿道网络的参与度和使用度。构建连续安全的步行和自行车网络体系，提升出行品质，实现绿色出行、智慧出行、平安出行。

（二）规划目标

城市进程加快使得单一目标的绿道网络系统很难满足人们的使用需求，绿道网络不但能够为休闲游憩活动提供便捷的场地，还是连接居民区与各景区公园的绿色交通网络。其中最典型的是新加坡公园连接道系统，它将城市公园、学校、居住区、交通枢纽站等不同的场地串联，增加城市绿地面积的同时，也为周边的居民提供了通勤交通的路线以及慢跑、散步的线型休闲空间（张天洁，2013；杨松，2011）。伦敦的东南绿链也是将自然景观、硬质景观与休闲游憩结合的同时串联了大量的历史遗迹，人们在放松身心的时候也能够体会历史的韵味。绿道网络的综合性建设，包括对自然及文化资源的保护、游憩空间构建、串联城市中已有绿地和公共开敞空间，形成首尾相通的网络廊道。因此，北京市老城区内的绿道网络应结合景观、游憩、文化、交通等多目标的功能进行合理规划，注重绿道线性空间的联系，同时考虑城市内部自然及人文资源的挖掘和联系，形成对城市已有及未来建设空间的深层次、多元化利用。

1. 串联核心景观资源

老城区内的绿道网络连接什刹海、北海公园、景山公园、故宫、天安门、天坛、龙潭公园、陶然亭公园、大观园等自然及人文景观，形成特色的景观体系。突出以钟鼓楼、景山公园、故宫、永定门公园以及前三门为轴线的传统中轴景观；串联二环沿线的游憩地及文化节点，突出老城的"凸"字形城郭景观；连通西海、后海、前海、北海、玉河及规划水系，形成有历史感和文化魅力的滨水景观。通过对核心资源的串联，塑造城市的景观特色，加强节点间的连续性、连贯性和流通性。

2. 塑造绿色出行交通

构建连续安全的步行和自行车网络体系，保障步行和自行车路权，充分发挥步行、骑行在市民公共交通接驳换乘及短距离出行中的作用，创造不用开车也可以便利生活的绿色交通环境。充分利用开放的公共空间及街旁绿地构建连续的绿道网络；在借用非机动车道时，保证人行道和自行车道的独立性，提升出行品质。无论是城区居民日常游憩还是游客观光游览都能够实现绿色出行、平安出行。

3. 打造特色文化线路

据统计，北京市历史文化保护街区共有43片，其中分布在老城区内的有33片，占到了老城区总面积的33%。这些历史街区大致可分为皇城保护型、传统商业型、传统胡同住宅型、寺庙建筑型、近现代建筑型以及风景名胜综合型等，而绝大多数的历史文化遗产都分布在这些历史街区内。将有文化底蕴、有活力的历史场所通过绿道串联，打造具有历史文化价值的路线，对重新唤起老北京的文化记忆，保持历史文化街区的生活延续性具有重要意义，游客也可以通过步行和骑行的方式领略老城区独特的文化魅力。

二、老城区绿道类型

（一）依托公园等绿地建设绿道

由于老城区传统的规划格局，除面积较大的公园外，城市绿地大多以线型为主，依据线型绿地的宽度以及对现有游径、绿地改造的难易程度，建设不同空间形式的绿道（图3-7）。

图3-7　依托公园等绿地建设不同空间类型的绿道

　　老城区内的德胜公园、北二环城市公园、皇城根遗址公园、明城墙遗址公园、顺成公园等公园内部设施完善，绿化质量较高，利用这些相对封闭的线性空间，增加步行、骑行路径，将公园内部的游径加以改造利用，形成与公园外部绿道相连通，与城市的机动车道相隔离的活动空间。除此之外，老城区内绿化程度较高的街旁绿化以及休闲广场可以通过绿地的改造升级构建绿道（图3-8，表3-12）。

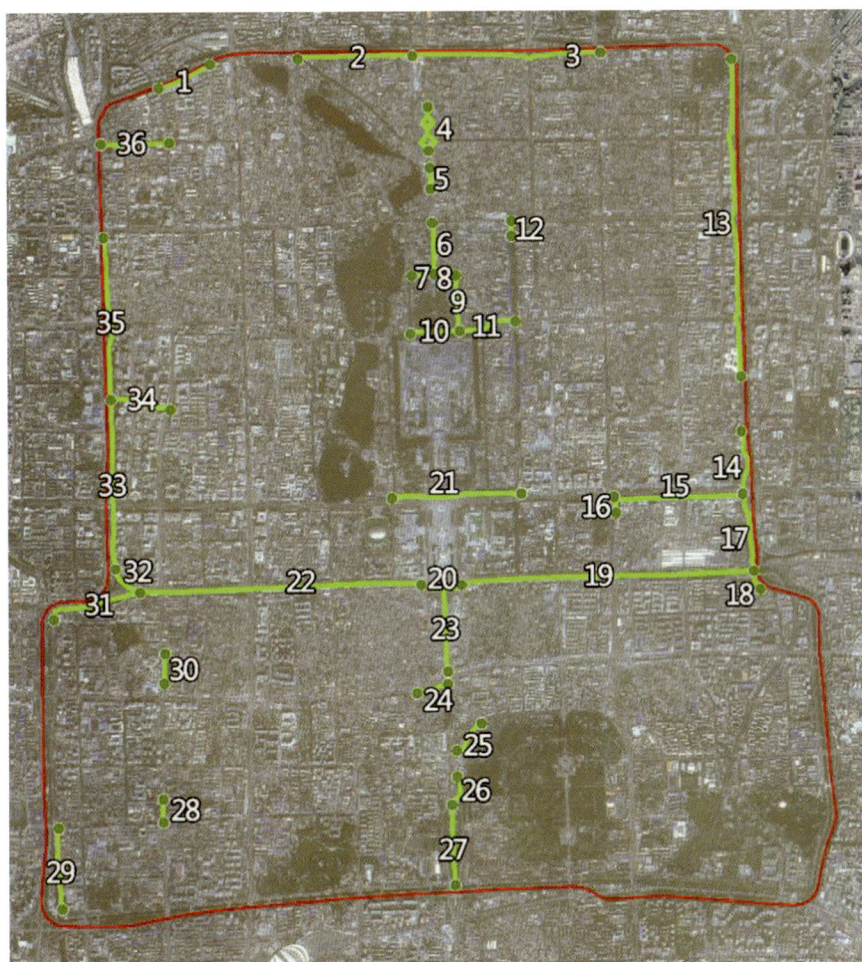

图3-8　依托公园等绿地的绿道选线图

表3-12　依托公园等绿地的绿道选线列表

序号	长度（m）	宽度（m）	用地情况	序号	长度（m）	宽度（m）	用地情况
1	563	6.8	北二环南侧绿带	2	1183	19.0	北二环南侧绿带
3	1954	19.0	北二环城市公园	4	915	9.0	钟鼓楼游憩广场
5	218	9.0	地安门大街东侧绿带	6	544	20.0	地安门大街东侧绿带

（续）

序号	长度（m）	宽度（m）	用地情况	序号	长度（m）	宽度（m）	用地情况
7	243	8.0	景山后街南侧绿带	8	243	8.0	景山后街南侧绿带
9	535	30.0	景山东街西侧绿带	10	495	8.0	景山前街南侧广场
11	624	7.8	景山前街南侧绿带	12	99	35.6	皇城根遗址公园
13	3275	28.7	东二环西侧绿带	14	429	20.0	东二环西侧绿带
15	739	26.4	建国门内大街南侧绿化带	16	149	54.4	崇文门大街东侧广场
17	824	41.0	东二环西侧绿带	18	182	23.5	东二环西侧绿地
19	3174	68.4	明城墙遗址公园及前门东大街南侧绿带	20	383	86.4	正阳门箭楼广场
21	1288	66.2	天安门广场及菖蒲河公园	22	2971	23.4	前门西大街及宣武门大街南侧绿带
23	879	21.5	前门大街广场	24	352	37.4	珠市口南侧绿带
25	414	26.0	东市场棚改	26	309	74.0	前门大街东侧绿带
27	844	194.0	永定门公园	28	227	13.0	西单广场
29	853	41.8	广安门东侧绿带	30	316	75.2	长椿苑
31	1044	30.0	西二环东侧绿带	32	411	72.8	西便门城墙遗址公园
33	2495	48.8	顺成公园及西二环东侧绿带	34	640	14.0	金城坊街南侧绿地
35	1716	43.2	顺成公园及西二环东侧绿带	36	677	6.2	西直门内大街南侧绿地

（二）依托河流水系建设绿道

老城区将修复原内城护城河，即恢复外金水河与南海的连通以及沿皇城根遗址公园恢复玉河中下段；与此同时还将修复前三门（宣武门、正阳门、崇文门）护城河，西过西便门汇于西护城河，东过东便门汇于东护城河，形成连通的外城护城河水系，凸显内城、外城的独特城市格局。《北京城市总体规划（2016—2035年）》还将沿正义路规划新水系，连通内城、外城护城河。此外，还将沿景山西路规划新水系连通筒子河和北海。水系的增多有利于滨水景观的营造，既可提高土地的利用率，也能极大程度上保护河道驳岸。根据老城区内现有水系及规划水系，选择以下线路建设绿道（图3-9，表3-13）。

图3-9　依托河流水系的绿道选线图

表3-13　依托河流水系的绿道选线列表

序号	长度（m）	宽度（m）	用地情况	序号	长度（m）	宽度（m）	用地情况
1	647	12.8	西海西沿及南沿	2	562	10.2	西海北沿及东沿
3	226	16.0	西海与后海连接道	4	250	12.0	后海北沿
5	1268	15.8	后海北沿	6	1281	15.0	后海南沿
7	814	10.0	前海北沿	8	354	18.6	前海东沿
9	458	26.8	前海南沿	10	1210	25.4	玉河河道两侧规划绿地
11	2686	34.2	皇城根遗址公园	12	583	35.2	景山西街规划水系
13	865	34.5	正义路绿道	14	1958	25.0	西护城河步行道
15	9044	13.0	南护城河步行道	16	3133	37.0	西护城河步行道

　　根据水体的高度及周边环境的不同，建设视野开阔的滨水绿道，如什刹海沿线绿道的建设，要对沿湖餐饮企业圈占的道路和门前水域逐一进行腾退，结合植物缓坡设置人行路及栈道，将环湖人行路适度外移，加大缓坡植被空间，形成更为舒适的观赏尺度。如图3-10（a）；若水体与地面的高度差过大，可采用上下两条道路分流的形式，如图3-10（b），即下路面为滨水慢行道，上路面为车行道。如外城护城河沿线绿道，使慢行道与机动车道完全隔离，即使绿地空间不足也能够保证游憩的安全性（潘关淳，2016）。

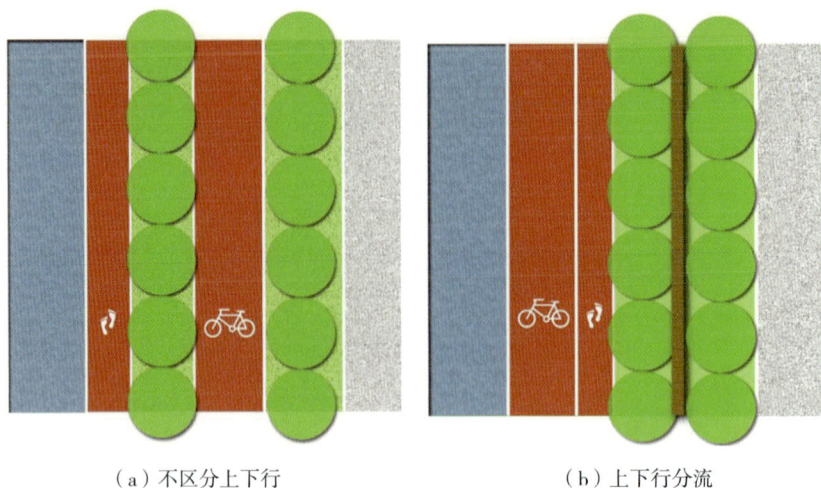

（a）不区分上下行　　　　　　　　　（b）上下行分流

图3-10　利用河流水系建设绿道

（三）利用市政道路建设绿道

　　老城区内的绿地少，建设用地居多，整体上已开发完全，缺乏建设大斑块绿地的潜力，因此在原有的城市规划中留白增绿、见缝插绿就显得尤为重要。利用市政道路，对道路绿化进行小范围的改造和提升，选择拥有独立的非机动车道及人行道的道路建设绿道（图3-11，表3-14）。

图3-11　依附市政道路的绿道选线图

表3-14　依附市政道路的绿道选线列表

序号	长度（m）	宽度（m）	用地情况	序号	长度（m）	宽度（m）	用地情况
1	1866	6.8	二环辅路非机动车道	2	1073	5.2	北草场胡同非机动车道
3	315	6.5	后广平胡同	4	447	6.2	西直门南小街
5	256	9.4	平安里西大街	6	494	12.0	平安里西大街
7	703	5.8	前车胡同	8	267	6.6	新街口大街
9	1977	11.2	地安门西大街	10	357	5.4	地安门大街
11	329	10.4	地安门东大街	12	193	8.4	地安门大街
13	967	8.2	旧鼓楼大街	14	965	6.2	二环辅路非机动车道
15	999	6.0	鼓楼东大街	16	848	5.8	安定门内大街
17	715	6.4	交道口东大街	18	915	4.0	雍和宫大街
19	1451	6.8	二环辅路非机动车道	20	381	4.0	民安街
21	388	8.2	东直门北中街	22	352	5.0	东直门内大街
23	933	6.3	张自忠路	24	988	7.2	东四北大街
25	1395	4.0	朝阳门内大街	26	962	6.4	西四大街
27	1392	7.0	阜成门内大街	28	170	3.0	西四大街
29	1795	4.0	西安门大街及文津街	30	1734	8.0	西安门北大街
31	383	5.5	灯市口西街	32	332	4.6	王府井大街
33	537	5.0	金鱼胡同	34	792	12.0	东单北大街
35	903	10.2	长安街	36	177	4.0	建国门内大街
37	698	8.2	崇文门大街	38	422	6.6	二环辅路非机动车道
39	538	6.4	二环辅路非机动车道	40	872	6.3	祈年大街
41	2669	6.8	广渠门内大街	42	526	6.3	祈年大街
43	1311	5.8	天坛路	44	1153	7.0	龙潭路
45	878	5.8	天坛路	46	1210	6.0	珠市口东大街
47	1083	8.4	前门大街	48	830	6.6	珠市口西大街
49	1173	5.2	南新华街	50	881	4.2	骡马市大街
51	1981	6.8	宣武文内外大街	52	488	5.0	复兴门内大街
53	939	6.4	复兴门内大街	54	833	7.8	佟麟阁路
55	330	6.2	长椿街	56	308	4.8	长椿街
57	567	6.0	槐柏树街	58	762	6.4	广义街
59	629	5.2	广安门内大街	60	602	5.6	广安门内大街

（续）

序号	长度（m）	宽度（m）	用地情况	序号	长度（m）	宽度（m）	用地情况
61	166	6.0	长椿街	62	916	4.8	广安门内大街
63	626	5.0	牛街	64	349	4.6	右安门内大街
65	927	4.4	南横西街	66	617	4.6	菜市口大街
67	557	4.6	菜市口大街	68	2108	5.0	白纸坊大街
69	1102	5.6	陶然亭路	70	833	6.2	菜市口大街
71	767	6.6	太平街	72	185	5.6	太平街
73	1092	6.8	南纬路	74	430	6.8	右安门西街

利用城市的非机动车道及人行道建设连接型绿道，可将行道树的树池连通，增加植物的围合感，形成步行道两侧双排行道树效果；在骑行道路上铺设彩色沥青路面，增强绿道的连续性和可识别性，严禁机动车乱停放，形成一个相对独立、安全的慢行道（图3-12）。

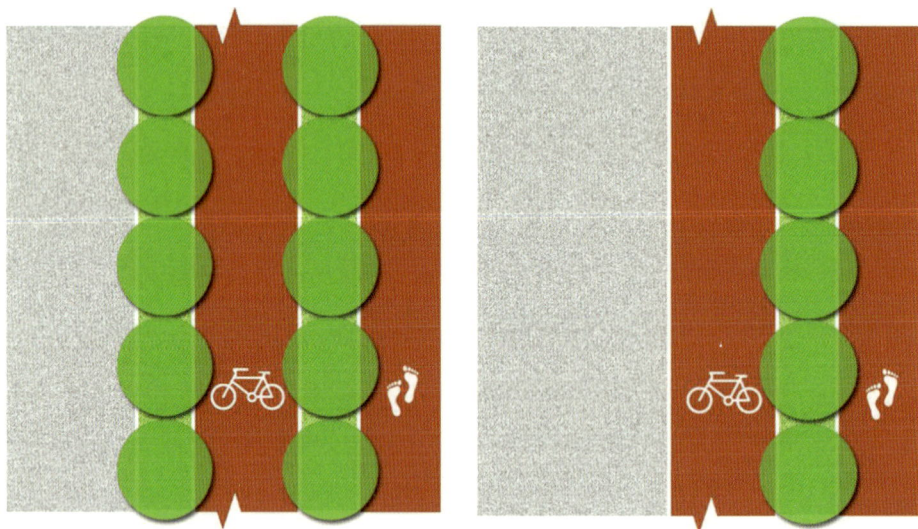

图3-12　利用市政道路建设绿道

（四）绿道连接道

有些市政道路不存在单独的自行车道、步行道，但是具有极高的游憩或历史文化价值，如北京的护国寺街、前海西街、柳荫街、国子监街、前门大街等，连接了重要的景观节点，因此也作为绿道网络构建的一部分，如图3-13，表3-15。对这些连接道可以限制机动车的通行或者改为单行道，预留出绿地改造的空间，增设慢行道，加强绿道网络的连通性。

图3-13　绿道网络连接道示意图

表3-15　绿道网络连接道列表

序号	长度（m）	宽度（m）	用地情况	序号	长度（m）	宽度（m）	用地情况
1	146	3.0	豆腐池胡同	2	700	4.4	国子监街
3	842	14.2	柳荫街	4	1101	6.2	护国寺街
5	343	4.8	前海西街	6	280	10.8	前海西街
7	156	8.4	阜成门内大街北	8	337	12.0	广安门内北街
9	935	5.8	龙潭路				

三、老城区绿道网络规划

　　本文以2013年Worldview卫星影像图为基础，运用Arcgis10.0进行目视解译，以老城区现有的道路网、水网为基底，对老城区进行充分的实地调研，结合《北京城市总体规划（2016—2035年）》《北京市级绿道规划》《北京皇城保护规划》《北京历史文化名城保护规划》《北京市绿地系统规划》等相关规划，着眼于老城区绿道的选线以及构建潜力的挖掘，旨在为民众提供便捷有特色的绿色出行方式，构建多元化的绿道网络，提高城市的绿地景观和文化认同感。

将绿道网络分为现有绿道、已规划绿道和拟规划绿道三个部分，如图3-14。

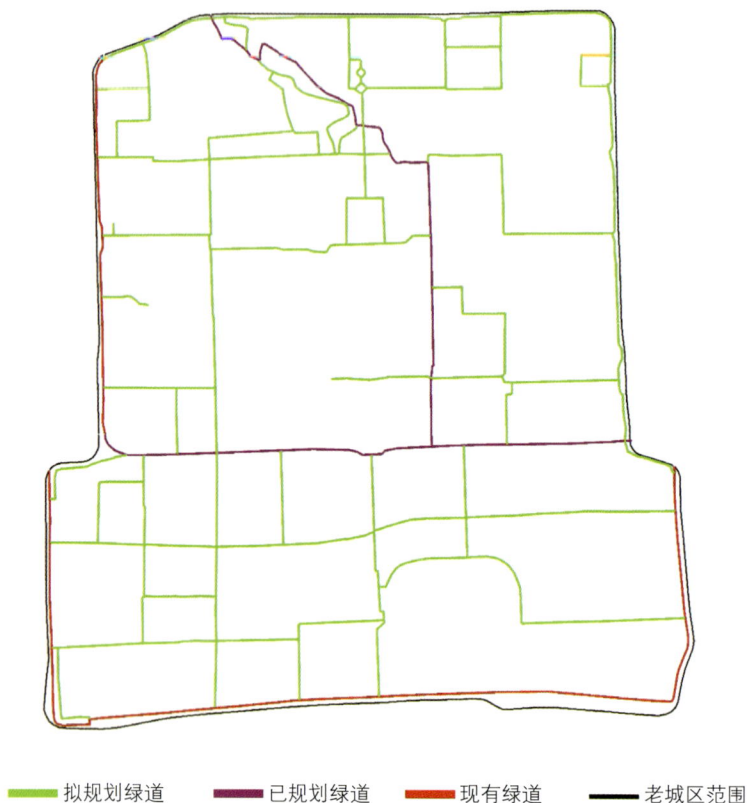

拟规划绿道　　已规划绿道　　现有绿道　　老城区范围

图3-14　北京市老城区绿道网络规划

四、老城区绿道网络评价

北京市老城区现有绿道网络仅限环二环道路沿线围合，沿北护城河建设的绿道在北二环北侧，不属于研究范围内。对新规划的绿道网络进行评价，与现有绿道网络进行对比，从景观结构、网络结构和绿道的可达性三个方面分析新绿道网络的优势与不足。

（一）景观结构指数评价

1. 斑块连接数量与总斑块数之比

绿道网络中的斑块指的是连接绿道的节点，这些重要节点的连接程度是衡量城市绿道网络的生态安全格局、景观连通性的重要指标，有利于减少城市景观破碎化，弥补城市绿色空间的不足，对于保护城市生态环境、历史文化格局等方面有着重要影响。

假定用A来表示主要斑块连接数量与总斑块数之比，则其计算公式如下：

$$A=N/N_总 \tag{4.1}$$

式中：N为绿道网络所串联的斑块数量；$N_总$为老城区内斑块总数。

当$A=1$时，表示绿道将所有孤立斑块串联起来了；当$A=0$时，表示斑块都是孤立的，绿道网络未串联起任何两个斑块；当A越接近1时，绿道网络的连接度越高。

北京市老城区绿道网络节点的选取参考第三章自然及人文资源两个方面，共121个斑块，如图3-15（a）所示。其中：①自然资源选取老城区内的城市公园31处，面积大于1hm²的绿地斑块29处，总计60处节点；②文化资源选取老城区内世界文化遗产2处，国家级重点文物保护单位59处，总计61处节点。绿道网络串联了121个斑块中的95个，如图3-15（b）所示，连接斑块数量占总斑块数量的78.5%。现有绿道网络只连接了17个斑块，斑块连接数量与总斑块数之比为14.0%，完成规划后连接比率将增加64.5%。斑块间的连接比率增加，景观间的联系也增多，城市中开敞空间的连通将节省人们从一个节点到另一个节点的出行时间，绿道网络的使用频率也会随之增加。

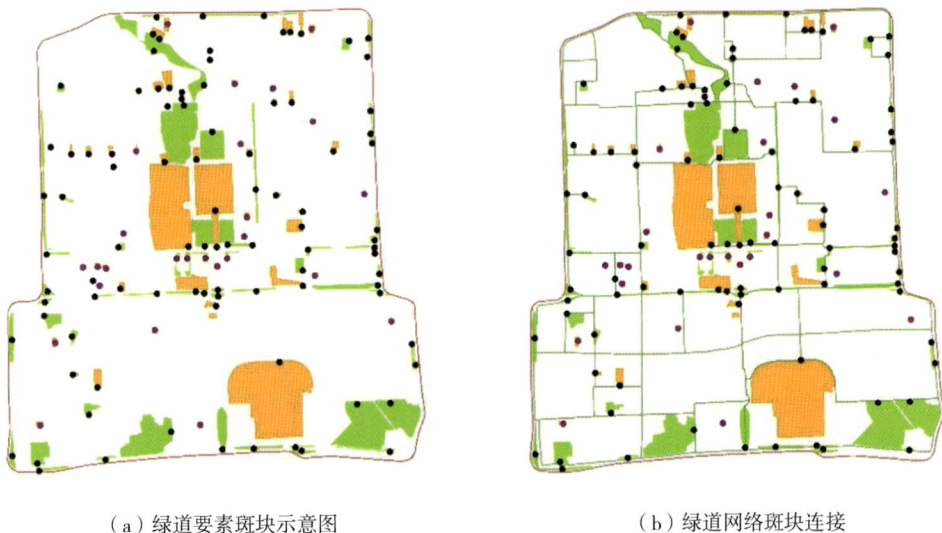

（a）绿道要素斑块示意图　　　　　　　　　　（b）绿道网络斑块连接

图3-15　绿道网络斑块要素及连接图

2. 绿道密度

绿道密度用来表述绿道的疏密程度，对斑块的连通性和可达性有一定影响，绿道的密度越高，潜在的斑块间的连通度和可达性就越好，也就越方便人们通行和游憩。绿道密度的计算公式可以表示为：

$$CD=\sum P_i/A \tag{4.2}$$

式中：CD为单位面积的绿道长度；$\sum P_i$为研究范围内绿道的总长度；A为研究

范围的总面积。

老城市的绿道网络规划后，绿道的总长度为124.0km，老城区的面积为62.5km²，由公式（4.2）计算可得每平方公里的绿道长度为1.98km；老城区现有绿道总长度为18.8km，绿道网络的密度为每平方千米0.3km。绿道网络密度的增大使得绿道的使用频率增大，方便市民日常出行，为市民打造生态低碳的绿道休闲体系。

（二）网络结构指数评价

网络结构指数用于评价网络结构的特征，能够有效对比城市绿道网络的结构，选择更优方案。网络结构指数包括网络闭合度、线点率和网络连接度（戴菲，2013）。

1. 绿道网络闭合度

网络闭合度通常用来描述网络中出现回路的程度，也就是网络中实际回路数与网络中存在的最大可能回路数之比，可用 α 来表示：

$$\alpha = （L-V+1）/（2V-5）\tag{4.3}$$

式中：α 为网络闭合度；L 为绿道数量；V 为节点数量。

指数 α 的变化范围一般介于0和1之间。当 α 值为0时，意味着绿道网络中不存在回路；当 α 值为1时，表示绿道网络已经达到最大限度的回路数目。

2. 绿道线点率

线点率是指网络中每一个节点的平均连线数目，用 β 指数表示：

$$\beta=L/V\tag{4.4}$$

式中：β 为线点率；L 为实际连接线数；V 为节点数量。

指数 β 范围在[0，3]区间内。β 为0时，表示无网络存在；当 β 值小于1时，表示形成树状格局；当 β 值为1时，表示形成单一回路；当 β 值大于1时，表示有更复杂的连接网络。随着 β 值的增大，绿道网络的复杂性也随之增加。

3. 绿道网络连接度

网络连接度是用来描述网络中所有节点被连接的程度，即一个绿道网络中绿道数与最大可能的绿道数量之比，可用 γ 指数来测度：

$$\gamma=L/[3×（V-2）]\tag{4.5}$$

式中：γ 为网络连接度；L 为实际连接绿道的数量；V 为节点数量。

指数 γ 的变化范围在0和1之间。当 $\gamma=0$ 时，表示没有相连接的节点；当 $\gamma=1$ 时，表示每个节点都彼此相连。

根据老城区绿道网络规划中节点的选取，将连接相邻两个节点的绿道算作一条绿道，如图3-16所示。按照绿道网络结构指数的计算公式（4.3）、（4.4）、（4.5）可得表3-16。

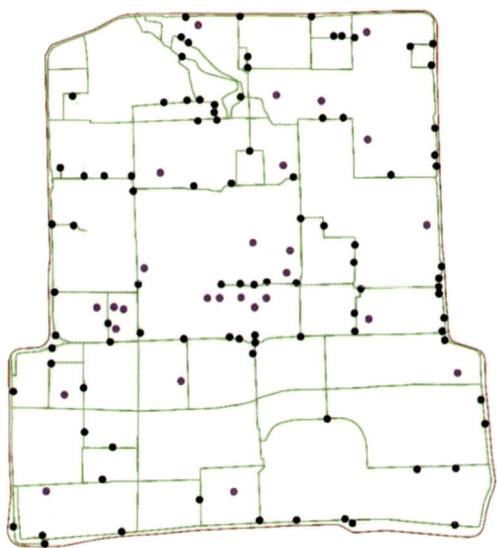

图3-16　绿道网络节点选取及连接图

表3-16　绿道网络结构指数评价

	节点数量	绿道数量	网络闭合度	线点率	网络连接度
规划前	17	23	——	——	——
规划后	121	135	0.06	1.12	0.38

与规划的绿道网络相比，老城区内现有的绿道数量少，且不成网络，因此无法作为网络结构进行评价。由表3-16可知，规划的绿道网络形成了连通的回路，与现有的绿道相比网络结构更加复杂，连接了大量的节点。但是由于老城区内建设用地及交通规划的限制，绿道网络的闭合度不高，无法连接全部节点，网络的结构也较简单，基本是以道路交通为依托。

（三）绿道网络可达性评价

老城区绿道网络的构建主要是为了服务于人，方便市民进行游憩活动，到达绿道的便捷程度就显得尤为重要。可达性是指从某一特定地点到达活动场地的便捷程度，直接影响绿道的使用频率，若绿道网络的可达性好，所覆盖的居住区多，那么绿道网络的使用频率就相对较高，其服务潜力就大；相反，若绿道网络距居民区远且不易到达，甚至需要借助交通工具才能到达，其使用频率就会降低，服务潜力和价值也随之减小。通常，影响游憩设施可达性的各种阻力因素被认为是参与社区活动的基本障碍，如距离、交通成本等。这些阻力因素可以通过阻力模型来进行计算，本研究缺乏阻力模型计算的数据，因此将绿道网络的可达性简化为其服务的居住区覆盖率，即绿道网络服务半径覆盖率=绿道网络服务半径覆盖的用地面积/居住区的总面积（张庆军，2012）。

如图3-17所示，参考国家园林城市和国家森林城市的建设标准，将绿道网络按照500m的服务半径作图，对老城区内居住区的覆盖率达到94.3%，现状绿道的覆盖率仅为10.4%，将提高83.9%，相比之下网络可达性较高，基本满足居民短距离出行游憩的需求，绿道的服务价值得到较高的体现。

图3-17　绿道网络500m服务半径分析图

规划的绿道网络本着系统、人本、生态、特色、实效和便捷的原则将老城区内独特的自然及人文景观资源串联，打造生态、环保、开放的绿道网络，为市民提供便利的绿色交通出行系统，为游客提供具有老北京特色的文化游线。由于老城区特殊的历史背景及政治地位，绿道建设潜力较小，限制因素多，规划的绿道网络结合北京市2016—2035年新城规及相关规划政策，在原有的道路、水系基础上构建。将现有的景观节点最大限度连通，利用新建绿地及景观改造等方式建设绿道，形成一个便于游憩、连通性强、可达性高的绿道网络系统。

将新规划的绿道网络系统与老城区内现有的绿道在景观结构指数、网络结构指数及可达性等方面进行综合评价，得出新规的绿道网络无论是在便捷性、可达性还是连通性上都优于现有的绿道。新绿道网的规划改善了老城区内居民出行困难，缺少贯通的游憩线路等问题，为市民出行及游人游览提供了绿色交通系统，缓解了机动车带来的老城区交通拥堵问题。

第三节　北京市老城区绿道设计策略

一、老城区绿道设计理念

　　老城区是以城市居民和外来游客为主的人群高度集中的地区，绿道的设计应本着绿色、创新、人本的理念，恰到好处地利用有限的土地资源，充分挖掘老城区丰富的人文历史，将绿道与自然景观、历史融为一体，表现出具有老北京特色的城市气质。绿道设计的千篇一律会直接影响到城市开敞空间的塑造，造成"千城一面"的恶性循环，因此只有借助地区文化与空间特质，才能提高绿道的可识度与认可度，成为未来城市发展中的有利竞争因素。

二、老城区绿道设计影响因素

　　绿道网络规划后，设计师需要结合特有的环境条件及场地因素，因地制宜对绿道进行详细设计，将绿道网络规划中所需求的种种功能在设计中体现出来。影响绿道设计的因素主要有自然环境条件、城市的发展变革、使用者的活动特征、城市的区域分布以及场地的空间要素五个方面。

（一）自然环境条件

1. 气候条件

　　北京的气候是典型的北温带半湿润季风气候，夏季高温多雨，冬季寒冷干燥，春、秋季较短。伴随着城市化的进程，城市高密度人口以及建筑物的高密度聚集，老城区内的热岛效应也越来越严重。在夏季，绿道的使用频率极易受到酷暑环境的影响，因此在设计中要善于利用景观要素配合绿道空间的布局，创造遮阴避光的舒适的活动空间；还要尽可能地利用太阳能板等节能环保材料、设施，将太阳能转化成其他能量，供绿道其他要素设施的使用，使绿道不仅是绿色的通道也是绿色节能之道。冬季，北京的气温低，水汽蒸发量小，空气寒冷干燥，也会影响人们对绿道的使用频率，因此在植物的设计上就要以落叶种树为主，保证冬季的日照强度。根据北京的气候条件，因地制宜为使用者提供舒适的慢行空间系统，有效地提高绿道的使用频率是绿道设计中要考虑的因素。

2. 水资源条件

　　北京的天然河道自西向东贯穿了拒马河、永定河、北运河、潮白河和蓟运河五大水系，老城区内的河流水系以内外城护城河和各城市公园中的湖泊水系为主，水资源主要来源于天然降水，因此降水量的多少直接影响到绿道景观的设计。水作为重要的自然条件，在城市滨水绿道的规划设计中占据着重要位置。在绿道设计时要满足城市功能对水资源的需求，做到保持水环境自然原生特质，同时发挥景观要素的价值最大化。北京的雨季集中在汛期三个月，此外大部分时间处于缺水状态。绿道设计应与海绵城市的理念相结合，通过景观手段进行雨水的收集再利用，提高降水渗透和雨水储存，丰富绿道景观，增加绿道的使用活力和经济活力的同时让自然做功，节约水资源，体现绿色环保的设计理念。

3. 植物资源条件

植物作为城市中自然要素的象征之一，是构成城市景观环境的基础，也是绿道设计中必须要考虑的影响因素。老城区内的树木整体上树龄较大，因此枝叶茂盛，具有良好的生态效益，在城区有限的绿地空间中显得弥足珍贵。在绿道设计中对老城区的古树名木要加以重点保护，因地制宜利用场地原有植物，如老城区的行道树以国槐、杨树居多，银杏、椿树、白蜡等也可种植，滨水以柳树为主。这些树种冠幅较大，具有良好的遮阴效果。在树下设置休憩、娱乐设施，可增加绿道的活动空间。早年，老城区的居民通常会在自家院子里种植柿树、石榴、枣树、紫藤、月季等花果类植物，这些独具北京文化特色的植物应用在设计中能够加强绿道的文化认同感和归属感。此外，北京老城区原本就有立体绿化的传统，也就是"天棚"式绿化。夏天傍晚，人们聚在葡萄架下或者丝瓜藤下，伴着茉莉的花香，邻里聊天、喝茶、下棋，这样充满老北京文化气息的场景也应在绿化设计中加以推广和应用。

4. 城市发展变革

有着3000年的建城史和800年建都史的北京，存留着丰富的文化遗产资源和人文风俗。现如今北京老城区延续了明清"凸"字形，以故宫为中心的南北中轴线格局，在此基础上街道、胡同等生活空间的规划也随着城市的发展不断产生变革，在绿道设计中深入挖掘老城区历史演变的特色，抓住可利用的景观及文化元素，处理好古都文化保护与城市创新发展之间的关系。将绿道设计成充满活力的个性景观活动空间，使城市历史文化特色得以延续，做到城市保护和有机更新相衔接。

北京自元代确立了首都的职能，奠定了老城的格局。明代的城市格局基本延续元代，内城城墙进行调整之后逐渐形成现在的"品"字形内城格局，宫殿、庙宇、衙署、仓库、监局等建筑占据了内城的大半面积；同时，明朝中央集权制度的加强使得中央政府部门采取集中式的布局，主要分布在南北中轴线两侧、前门一带，以及万岁山以北地区，以此强化旧城的政治中心地位，奠定了中央行政办公单位在京内大量聚集的趋势。城市的主要资源和建设汇聚于此，老城区成为当时整个中国的政治、经济、文化、军事中心。在此基础上清政府对内城的布局又进行了一次精细的划分，实行"圈地"运动，王公贵族、达官显贵居住在位于皇城左右的核心地区，八旗子弟分列内城，强迫内城居民搬迁，原有的民间市场被挤到外城。

如此一来，外城改变原本地广人稀的状态，形成了以民间活动为主的不同风貌，中城珠玉锦绣，东城布帛菽粟，南城花鸟鱼虫，西城牛羊柴炭，北城衣冠盗贼（陈康祺，1984）。

战乱的到来使得内外城的人口流动加大，随着内城八旗子弟数量的减少，传统的一院一户的模式也被打破，奠定了如今多户聚居的胡同院落模式。民国时期掀起了新思想的浪潮，新旧制度交替，内外城开始融合，原本清晰的功能分区也开始变得模糊混杂，商业、医疗、教育、交通、金融等方面的发展影响了老城区的布局，例如前三门商圈、鼓楼商圈、西四商圈和东四商圈的规模得到扩大；西交民巷和前门外一带金融机构聚集，很大程度上带动了金融业的发展。

城市发展变革伴随着文化的更新交替，在绿道设计中应结合历史节点，根据具体的形态、功能以及后续的演变，凝练出文化的精髓，与周边的文化特色相融合，如故宫、什刹海一带的皇家园林文化，国子监、雍和宫一带的宗教学堂文化、北大红楼、中国美术馆一带的现代教育文化，东交民巷、西交民巷一带的使馆文化等。通过对绿道空间的组织、功能的定位、景观元素的构造、服务设施的设计，来实现老城区保护与发展的协调统一。

（二）使用者特征

绿道建设的根本目的是为人服务，使用者的活动特征是绿道设计中重要的影响因素，不同年龄阶段、受教育程度、社会阶层的人群对于绿道的使用需求都不尽相同，诸如休息、健身、交往、游戏等各种行为都会直接影响绿道景观的设计。因此，将使用者的活动特征分为行为特征和心理特征两个方面进行分析。

1. 使用者行为特征

绿道的使用者以步行和骑行两种形式在绿道中活动，具有一定的自主性，和其他的交通方式相比，使用的频率、路线的选择都由使用者的主观意志所决定，因此绿道在设计时要考虑到使用者所期望的行进线路。除此之外，使用者根据不同目的使用绿道，在绿道空间的构建上就要体现出满足此类需求的设计。以游戏、健身为使用目的的绿道设计，就要提供不同年龄段人群的活动设施，如老人们打拳、舞剑、做操、跳舞的场地，青年人群器械、打球的设施，儿童戏水、玩沙、探险的游戏设施；以游览、观景为使用目的的绿道设计，就要以连通自然及人文景观节点为主，展示具有北京文化特色的设计元素；以通勤为使用目的的绿道设计，需要通过绿道的交通性快速到达绿道外延的公交站点或出租停靠点，或快速到达面向外围环境的城市广场等公共空间，在设计上就要注重路线的便捷性和直达性。

2. 使用者心理特征

在日常交往过程中，人们大多愿意长时间关注他人或者被他人关注，这是一种自尊心外化的表现，通过在他人面前展示自身行为来获得对自我价值的认可，无论关注的对象是熟人还是陌生人，自身作为观众还是表演者，都会使人获得心理上的满足（杨·盖尔，1992）。在这种心理倾向的影响下，促使绿道的使用者都希望获得一个最佳的停驻位置，因此在绿道设计中，要适当地增加公共活动空间作为使用者展示的场地，还要有相对安静的区域供观看者们休息停留，以此来满足使用者"看与被看"的心理需求。

一般来说，边界是大量信息的汇集地也是变化的所在地，它具有一定的异质性，极易产生特殊现象，因而常常受到人们特殊的关注，这就是常说的边界效应。从人的心理出发，人们容易对异质的东西产生浓厚兴趣，而对同质的东西感到厌烦。在绿道活动空间的构建中，使用者的行进路径具有流动性，往往曲折的边界容易成为人们滞留的场地，边界的变化越大，滞留的现象也就越明显，这是因为使用者在边界区域停留时能够体会异质变化带来的新鲜感（亚历山大，2006）。

绿道设计同样也要考虑到使用者向往自然的心理，现代社会中的人们由于工作生活上的压力，通常在心理上存在低落、压抑的情绪，人们在潜意识中想要隔绝嘈杂的人工环境，回归到自然环境中去。因此，在绿道的设计中要充分利用动植物要素，尽可能为使用者提供亲近自然的机会。

（三）城市区域分布

老城区绿道网络需要落实在具体的城市区域中，因此绿道所在区域的城市功能布局、交通布局等因素都会对设计产生一定程度的影响。

1. 区域功能分布

老城区内不同区域功能会对其所在地区的绿道景观空间的构建产生影响。居住区周边的绿道设计首先要考虑其便捷性，以及到达开敞活动空间的可达性，注重其休闲游憩功能。在人流量大的居住区周围，根据使用者年龄的不同阶段设置不同的景观设施，还要考虑与居住区的阻隔，营造安静、私密的绿色空间。在商业圈附近，根据人流量增加公共服务设施数量，增加集散空间节点的面积，同时适当拓宽绿道，满足不同时段人流量高峰的使用需求。对可进入的绿地或游园加以改造和利用，使绿道网络贯通、不间断，加强绿地的利用率。突出绿道路径，在改造和利用的同时赋予丰富的内涵，形成独具特色的绿道。北京目前公布的历史文化保护街区共有43片，其中在老城区内就有33片，这些历史街区涵盖了皇城、传统商业、传统胡同住宅、寺庙建筑、近现代建筑以及风景名胜等类型。在这些区域内建设绿道，毫无疑问要与周边建筑及景观的文化内涵相结合，以保护和传承为主，在设计中突出其文化内涵。

2. 区域交通分布

绿道作为一种线性要素，其本身具有交通功能，能够整合居住区、商业区、办公区、公园绿地等区域的交通系统，有效缓解城区内近距离出行的交通问题，减少对机动车的使用需求，与步行或骑行等短距离的出行方式相辅相成。绿道网络系统并不是一个孤立的城市系统，而是与城市交通系统相互衔接，互为补充。城市的交通网络承载了车流和人流，城市的快速发展伴随着城区人口的增加和汽车保有量的增加，与此同时公交、地铁等公共交通工具数量也在逐年攀升，交通需求越来越大，交通拥堵、噪声污染、空气污染等问题也接踵而至。老城区内绿地建设的潜力较小，很多绿道都是依附于城市道路建设，区域交通的分布影响着绿道网络的构建。因此在这类绿道设计中就要考虑到机动车道和非机动车道的分离，利用植物或景观构筑物进行分割，保证绿道在使用过程中的安全性；交通量大时，紧邻绿道外侧的噪音和污染相对严重，较强的噪音也会影响绿道活动空间的使用。

（四）场地空间要素

绿道设计究其根本就是要结合所处场地的环境，将绿道融于周边环境，形成统一的体系，因此场地空间要素的利用和改造直接影响绿道的使用。场地内部空间的植物种植、文化要素的体现、微地形的设计、水体的设计、小气候的营造、公共服务设施的放置等一系列组成要素，都要满足使用者的需求，创造丰富多样的景观层次，实现空间的艺术性，改善公共活动空间的质量。

三、老城区绿道设计要素分析

绿道的构建是为了满足使用者不同方面的需求，具有功能复合性。绿道设计是在构建的基础上，更加注重绿道品质的提升和内涵的创造。查尔斯等（2012）在《绿道规划·设计·开发》中提出绿道主要是由自然廊道、绿道游径、绿道设施三大要素构成，而绿道设施包括了植物、标志系统、场地要素、基础设施、艺术品等；戴菲等（2013）在《绿道研究与规划设计》中认为绿道网络由自然系统、历史文化系统和人工系统三大系统构成，每一系统均包括网络和节点；《珠江三角洲绿道网络总体规划》中认为绿道由自然因素所构成的绿廊系统和为满足游憩功能配建的人工系统两部分组成。其中，绿廊系统是由地域性的植物、水系、土壤等自然元素构成的缓冲区，人工系统由慢行道、发展节点、标识系统、基础设施、服务系统等要素组成（广东省住房与建设厅，2010）。本研究将北京市老城区绿道设计的要素分为绿道景观、慢行道和服务设施三个方面。

（一）绿道景观设计

随着城市建设更新加快，人们对公共空间的需求也逐渐加大，传统空间景观的构建往往因缺乏趣味、毫无特色而显得单调呆板，对人们的吸引力不足。

绿道景观的设计要结合周边场地的性质，赋予绿道功能要求或文化背景，因地制宜对地标性建筑、构筑物、山水景观等加以利用、改造，并运用景观相关知识进行空间的合理布局、植物的种植以及雕塑小品的设计，营造出舒适、独特、充满活力的绿道空间环境。

1. 自然景观要素

场地的自然景观要素通常作为绿道设计的本底，在此基础上优化、创造，老城区的地形平坦，没有明显的高差变化，只在滨水区域会出现上、下行分流的情况，因此老城区内的自然景观要素主要是植物和水体。

（1）植物 "绿道"一词从字面上来看就是绿色植物与道路的结合，"绿"在"道"前，可见植物在绿道设计中占据着重要位置。老城区有许多古树名木，如宋庆龄故居的明开夜合、杨昌济故居的枣树、故宫古华轩的楸树、景山的"罪槐"、御花园的"连理柏"、北海团城的"白袍将军"和"遮阴侯"。这些古树是北京悠久历史的见证者，是不可代替的生物景观。除了这些古树名木，老城区内的树木大都年代久远、树龄较大，树木冠幅较大，在绿道设计中要保留这些大树，在树下构建休闲游憩的平台，打造"一树一景"的景观节点。

在植物的配植上，要丰富植物群落结构，选择合适的植物种类，覆盖乔、灌、草等多个植物类型，进行合理的植物搭配，在什刹海、护城河等滨水区域，还要考虑水生植物的种植。绿道本身呈线状，因此植物设计也应有一定的节奏韵律感，与周围的景观相协调：常绿与落叶的配植、绿叶与彩叶的配植、高中低不同面层的配植等。在变化中寻求协调统一，使绿化的林冠线和林缘线形成流畅的曲线。除此之外，还要满足植物的生态要求，不能为追求景观效果而忽视植物自身的生长条件。注意种植密度，从长远考虑，应根据成年树冠的大小来确定株距，如果要在较短时间内取得绿化效果，可以间植一些速生树种。在配植中还要考虑植物的四季变化，尤其是花果类的植物种植，改变传统的等距种植的呆板性和色彩单调性，营造出舒适宜人的绿道景观空间。

在一些节点处需要用植物进行空间的围合，创造不同的空间类型（表3-17）。

表3-17　植物景观空间类型

空间类型	空间特点	植被类型	树种选择
开敞空间	人的视线高于四周的景观，视线通透	低矮的灌木、地被植物、花卉、草坪	铺地柏、大叶黄杨、紫叶小檗等
半开敞空间	四周不完全开敞，部分视线被植物遮挡	高大的乔木、中等灌木	紫丁香、白蜡、白玉兰、紫叶李等
闭合空间	四周植物高过人的视线，人的视线向上、向四周均受到制约	高灌木、分枝点低的乔木和高乔木	油松、圆柏、青杆、西府海棠等
覆盖空间	植物遮挡住人仰视的视线	攀缘类植物、冠大荫浓的高乔木	紫藤、白皮松、雪松等
垂直空间	植物种植在两侧，遮挡人左右的视线，不遮挡前后和向上的视线	分枝点低、枝叶茂密、塔形、柱形、长卵形树冠的乔木	油松、圆柏、青杆、侧柏等

（2）水体　水作为景观设计中独具活力和生命力的重要元素，在任何滨水环境中都是不可忽视的空间构造要素。人类早期文明的发源地都集中在大河流域，人生来就有亲水近水的天性，沿着滨水岸线规划绿道线路，打造以水为中心，以水为背景的景观环境，以满足使用者最大化地观赏到富有生机的滨水景观。同时，在滨水绿道的设计中灵活地运用水的自然属性，让人们体会水的动静、光影、声音以及色彩的不同变化，在行进的过程中设置可停留的节点及亲水平台，满足使用者观赏、休息、游乐等功能需求。

老城区内的水体资源主要分布在外城护城河以及各大公园内，《北京城市总体规划（2016—2035年）》指出，近期将修复原内城护城河，即恢复外金水河与南海的连通以及沿皇城根遗址公园恢复玉河中下段，还将沿景山西路规划新水系连通筒子河和北海，远期还要恢复前三门所在道路沿线的护城河，凸显老城区内城、外城的独特格局。什刹海的西海将建设西海湿地公园，旨在恢复历史上西海的湿地景观风貌和丰富的物种多样性，促进水生态修复和水环境的改善。可以看出水生态环境越来越受到重视，以水为依托构建老城区的滨水绿道景观是有别于其他绿道景观的优势所在。

绿道水景观的设计主要分为静水和动水两种形式。静水的设计在中国古典园林的设计中多有体现，大多以水的静态衬托环境的静谧，或借天空、彩霞、树木、山石等景物倒影，给人以诗意、美好的视觉感受。动水的设计可以结合场地及小品的构造，创造出旱喷、涌泉、叠水、水墙、跌水等不同的水景观，让人们在绿道中行进的同时体会到水带来的活力和生机。理水在景观设计中的可操作性较大，在与绿道空间结合的时候要充分利用其丰富的变化形式，结合周边景物，形成各具特色的滨水景观，在有限的空间范围内创造无限可能。

2. 人工景观要素

人工景观是由人为建造的不同于自然基质的景观类型，包括建筑物、构筑物。

（1）景观建筑物　在园林设计中通常会建造供人们休憩、观赏用的建筑物，如亭、榭、廊、楼、阁、轩、台、厅堂等，绿道中的景观建筑物同样要满足使用者的不同需求。老城区内有钟楼、鼓楼、东南角楼、天安门等一系列著名的景观建筑物，这些建筑物有的本身就位于绿道空间范围内，有的与绿道景观形成对景或借景关系。通常在绿道内部的建筑物与场地内的自然景观相结合，成为构图的中心，也是绿道中赏景的主要地点。除此之外，一些景观建筑物还能满足人们的不同功能需求：如人们在绿道中长时间活动后休息、纳凉、避雨的亭子；不仅遮阴还能引导游览线路的连廊、花架；为亲近水面而建的台榭；供游人品茗、登高观景的楼阁等。在景观的塑造中也经常用建筑物进行空间的组织，利用游廊、花架和建筑的围墙来分划和围合空间。

景观建筑物在绿道的设计中属于大体量景观要素，因此数量少而要求高，在建筑物的设计中要把握好尺度、造型、色彩、肌理等视觉影响因素，在满足绿道使用功能的同时与周边景物相融合，形成协调统一的景观环境。

（2）景观构筑物　景观构筑物在绿道空间系统中，主要起到服务和装饰的作用，通过对一些小体量的构筑物的构建能够营造不同的景观氛围，以适应人们的情感需求或者展示绿道的文化内涵。绿道想要表达的景观语言，通常会以构筑物的形式表现出来。除了自身的休憩使用功能外，景观构筑物还有导向和组织空间关系的作用，在绿道中构成无形的纽带，影响使用者的行进方向。

景观构筑物是场地、材料和情感的综合展示艺术，具有一定的审美价值，利用构筑物来加强绿道空间景观的塑造，提高景观的观赏价值，对于满足人们的审美需求，提高绿道的使用频率具有重要意义。绿道中景观构筑物的设计还要形成人性化的设计导向，在造型、风格、体量、数量上考虑使用者的心理需求，使雕塑、小品等构筑物更加人性化、更加贴近生活。以人的行为、习惯为出发点，以优美的景观造型、协调的色彩搭配、适当的结构比例以及合适的选材用料来满足使用者的活动需求。

3. 文化景观要素

文化景观不同于自然景观和人工景观，是一种非实体性的景观要素，是城市特色、历史文脉、民俗风情、地域风格的体现。在绿道景观的设计中通常依附于其他实体性景观要素表达出来。如通过枣树、柿树的种植，展现老北京市民的传统生活方式；用景墙或浮雕展现老城区的历史发展；用灯笼、剪纸等艺术形式展现传统节日特色；用雕塑和景观石赋予绿道精神象征等。这些文化景观要素是人文主义思想的延续，也是城市绿道建设的重要内涵。

（二）慢行道设计

在绿道系统中慢行道承载了绿道的通行功能，也涵盖了休闲、游憩、交往、健身等其他非交通性功能的组织，由于老城区内场地的限制，很多绿道依附道路建设，绿道的连通性受到城市交通的影响，因此将绿道的慢行道设计分为游径设计、节点设计和交通设计三个方面。

1. 游径设计

（1）与道路交通的关系　老城区内的绿道游径，有依附于机动车道建设的，也有独立于城市交通建设的。依附于机动车道建设的绿道，其步行系统就是城市交通系统中的人行道，骑行系统就是城市交通系统中的自行车道，这类绿道游径能够满足慢行方式出行者的健身、漫步、通勤等便捷性活动的要求，对于北京这样一个旅游城市来讲，能够有效地指引游人观赏游玩的快捷线路，缓解城区内的交通压力。而独立的绿道游径一般依附于公园或绿地而建设，与城市公共交通之间存在一定距离的隔离带，可减轻机动车带来的噪音、污染及各种不安全因素，路径的设计富有变化，游览性和趣味性也更加鲜明。

（2）**游径分类**　根据绿道游径的形态不同，可以分为直线和曲线两种形式。在老城区内由于用地的限制，直线游径占比较大，直线游径的空间结构较清晰，能够方便使用者快速到达目的地；而曲线游径可较多地应用在绿地较宽、面积较大的区域，这样弯曲的游径能够增加景观空间的多样性，产生步移景异的效果，在转弯处运用围合的景观手法，还能创造出豁然开朗的景观效果，增加人们的好奇心，给使用者带来更加丰富的游憩体验。

（3）**游径铺装**　游径的设计除了路径形态和外部交通的关系外，还有路面本身的设计，不同功能和场合游径铺装也不尽相同。滨水地区的游径铺装要以防水防滑材料为主；以健身跑步为目的的游径可以用彩色沥青等一些舒适、易维护的铺装材料；在儿童活动区域游径，就要丰富铺装的色彩和图案；绿道游径的铺装要依据场地具体条件而设计，善于运用不同的材料，使体验者在行进的过程中不觉得脚下的路乏味单调，在变化中寻求统一。在一些节点或者路线交叉处，可以用不同颜色或材料的铺装加以突出表示，以达到提醒的目的。

2. 节点设计

由于绿道本身是线状的，慢行道内的游径和两侧的绿化因空间的限制而不能赋予丰富的变化，容易陷入同性质的缺陷。长时间在景观单一的空间中行走，人会感觉单调乏味。节点能够打造出内容丰富、形式不同、各具特色的空间景观，弥补游径的缺陷。体验者在绿道中活动能感受到景观的变换，游览的兴趣也会随之被调动起来。节点作为整体景观的重要环节，体现了绿道景观设计的特色，同时作为绿道中承上启下的结合点，将景观连接转化，让静态景观达到动态的效果，使用者在绿道中活动时，不会出现间断的现象。

根据节点在绿道中所满足的功能需求的不同将节点分为景观性节点、游憩性节点、展示性节点和综合性节点。

（1）**景观性节点**　以优美的自然景观和人文景观为主体，营造出富于变化、生动有趣的景致，在满足使用者对公共空间需求的同时，给予美的享受。

（2）**游憩性节点**　为出于健身、娱乐、交往等目的活动的人群提供相应的游憩设施，满足不同年龄段的不同需求。如为老人提供打拳、练剑的场地，为锻炼人群提供健身娱乐的器械，为儿童提供蹦床、滑梯等游乐设施，为下棋、谈天的人群提供桌椅等。

（3）**展示性节点**　绿道的建设往往被赋予文化内涵，这些隐含的文化意义通常通过设计的手段展现出来，节点的设置能够保证有足够的空间来构建文化景墙、浮雕、文化石、雕塑等构筑物，对于文化的表达具有积极的促进作用。

（4）**综合性节点**　节点的构建往往具有多功能复合性，在满足景观的同时也能够满足游憩和文化展示的需求。在节点的设计上要注重对空间尺度的把握以及景观环境的塑造，形成风格统一、功能全面的绿道节点。

3. 交通设计

老城区绿道设计的一个显著特点就是与市政道路的交叉处理，这关系到绿道的安全性和连通性。本着以减少对市政道路的干扰为原则，将绿道与市政道路的交通设计分为立体交叉和平面交叉两种形式。

（1）**立体交叉**　立体交叉包括上跨天桥和下穿涵洞两种方式，这种分离处理方式能够保证使用者安全、快速、畅通地进入绿道，更符合健康绿道的主题（图3-18）。

（a）上跨天桥　　　　　　　　　　　　　（b）下穿涵洞

图3-18　绿道与市政道路的立体交叉处理

（2）**平面交叉**　在绿道与道路平面交叉时，要设计特殊的交通斑马线，采取相应的隔离设施、交通信号灯、限速指示牌等保证绿道的安全性（图3-19）。

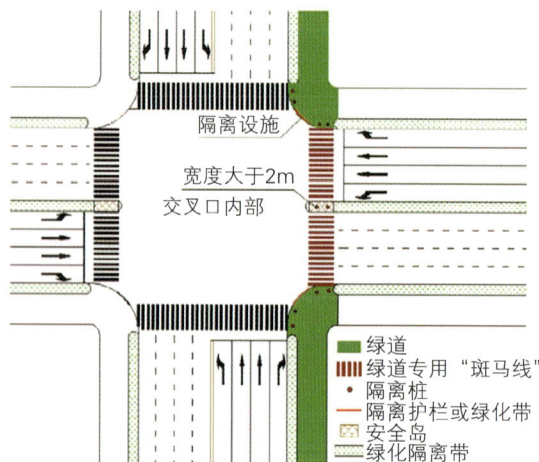

图3-19　绿道与市政道路的平面交叉处理
（来源：《绿道连接线建设技术指引》解读）

（三）服务设施设计

绿道系统中服务设施的设计要从使用者的行为特征和使用需求出发，在满足服务设施的实用性和美观性的同时还要考虑设施的安全性、舒适性及可达性。优质的服务设施能够提升绿道活动空间的景观质量，还能够吸引不同人群到绿道中参与活动，提高绿道的使用频率。

服务设施的设计首先要满足其功能性，能够提供正常的公共服务，满足人们的使用需求。此外，还要符合一定的美学原则，在设计的过程中使服务设施融于周边环境，起到美化环境、提升绿道活力的作用。其次，服务设施在材料和色彩的选择、设施的布置与构造等方面要本着人性化的原则，考虑使用者的心理需求和心理特征，构建出安全舒适的空间环境。服务设施在设计中还要结合场地的文化，为绿道注入文化内涵，这些细节的表现可以通过服务设施来表达和传承，使绿道的生命力得到延续。

将绿道中的服务设施分为照明设施、游憩设施、标识设施、卫生设施四类。

1. 照明设施

照明设施是使用者能够在夜间进行绿道相关活动的保障，创造安全的夜间环境，使人们能够分辨得出绿道的空间特征，保证绿道的使用安全，方便使用者活动，除此之外还能够起到美化夜晚活动空间和划分空间景观的作用。

（1）**功能性**　在设计绿道的照明设施时，首先要根据绿道空间进行合理布局。在节点处设置形态各异的照明设施，尤其是交通节点处要保证有足够的照明设施，以免发生交通伤害，杜绝绿道边角空间的安全隐患，把绿道活动的安全性放在照明设施设计的首位。还要根据场地功能需求的不同，设置照明设施的位置及高度。如在临近居住区的绿道，要考虑到不影响居民正常休息，照明灯光就要减弱，高度也要降低；在活动节点，为了使用者能更好地进行身体活动或交往，照明设施的数量就要增加，光照也要增强，不同高度的设施都要配备。

（2）**美观性**　照明设施的设计根据场地条件及功能的不同能够产生丰富的变化，形状各异、色彩变化丰富的景观用灯也具备了优秀的观赏性，并且可以用来向人们展示绿道的不同特色和特殊用途。照明设施给绿道带来的景观特色是使用者在白天观赏不到的另一番景色，这也能够提高绿道的吸引力。绿道系统中的一般游径通常采用功能性照明，以满足绿道的使用为目的，不加多余的设计；各个节点处的照明则有专门的光彩工程设计，用灯光展示绿道的特色和需求，在设计上符合绿道整体的设计风格的同时添加相应的美学要素。不同的高度和位置也有不同类型的灯具设施，如杆灯、庭院灯、草坪灯、地埋灯、壁灯、投光灯等等。还有用线形的灯具装饰台阶、护栏、花箱、景墙、座椅等构筑物，用防水灯具装饰水面或形成独具魅力的倒影景观。

（3）**环保性**　在照明设施的应用上可以适当加入一些新科技新能源的利用。本着节能环保、减少管线铺设的原则，选择可再生能源设备或者高效能照明设施，在光照良好的区域使用太阳能发电装置。在珠江三角洲绿道的建设中，有许多地段都建有风能、太阳能转换装置，有效利用自然资源，体现节能环保的理念。在特定的区域为照明设施安装感应系统，当使用者进入照明范围时照明设施自动开启，有效减少能源浪费。还有用特殊材料铺设绿道游径，这种特殊材料在夜晚会发出微光，照亮绿道本身，取代了传统的照明设施，大大地节省电能消耗。

2. 游憩设施

（1）**休闲活动类设施**　休闲活动类设施的设计要考虑到不同年龄段人群的需求。根据活动项目提供不同类型的活动设施，如健身器材、儿童游戏设施等。增强场地的特色，提高绿道活力，吸引更多的使用者来到绿道系统中活动，促进人与人之间的交往。

（2）**休憩类设施**　休憩类设施包括座椅、亭廊、矮墙等，主要满足使用者停留、观景的需求。不但能够提供休息、遮阴、避雨的功能，还丰富了绿道活动空间的垂直景观界面。在设计时应考虑游憩设施的形态、尺度、色彩等，与周边的景观环境相协调，还要结合使用者的心理需求，把握好空间布局。

3. 标识设施

标识设施作为绿道中传播信息的媒介，通过文字、图案、标记等方式表示出来，为使用者提供指引和提示。标识设施应当在详细设计、合理安放的同时，避免标志过多而带来信息重复、环境杂乱等现象。标志牌要简洁、清晰、表意清楚且符合规范。优秀的标识设施能够将绿道独特的景观、文化内涵以及人文精神传递给使用者。标识设施常常会忽略有视觉障碍的群体，在标识设计的时候应当在主要的节点处设置靠触觉感知的文字，满足不同人群的使用需求。标识设施包括信息标识、指示标识、规章标识、警示标识、教育标识五大类，见表3-18。

表3-18　标识系统分类一览表

标识类型	图　示	用　途
信息标识		标明绿道网络的总概况及使用者目前所在位置，提供活动设施、项目、公共服务设施的到达线路
指示标识		以指向性的标志传递游览方向及目的地路线，有时配以简单的图像或文字说明

（续）

标识类型	图　示	用　途
规章标识		用于传递绿道法律法规方面的信息，起到规范作用
警示标识		用于提醒使用者可能遇到的危险，起到防范作用
教育标识		体现绿道独特的自然与文化特征

4. 卫生设施

卫生设施主要指的是公共厕所、垃圾箱、污水收集设施、洗手池等，是维护绿道整洁性不可或缺的要素。绿道中卫生设施不仅要满足最基本的清洁作用，还要结合绿道空间景观特征，对其外观加以特殊设计，摆放的位置也要易于发现，便于人们使用，为使用者和绿道环境提供卫生保障。

四、老城区滨水游憩型绿道设计

滨水游憩型绿道通常是依附于河流、水渠而建设，是城市滨水空间发展和利用的一种生态手段，能够为城市提供优质的软环境。本研究以绿道网络规划中的西海北沿绿道选线和景山西侧绿道选线为例作详细设计。

（一）西海北沿滨水游憩绿道设计

1. 区位分析

如图3-20所示，什刹海西海位于德胜门西，又名积水潭，曾经是京杭大运河漕运的总码头，水域面积7.4hm²，周边有汇通祠、三官庙、净业寺、普济寺、德胜门箭楼等历史遗迹。北京市于2018年启动西海湿地公园的建设，通过改善水质、打通环湖路堵塞点等措施，使西海成为一片充满自然野趣的湿地空间，为市民们提供休闲舒适的亲水乐园。本次设计的区域位于西海北沿，总长313.7m，平均宽度3.5m，目的是将临水一侧的沿湖栈道改造成滨水游憩绿道。

图3-20　西海北沿绿道区位图

2. 现状分析

相较于酒吧林立的前海、后海，什刹海西海的环境更为清净，景致也更为清幽。但是西海北沿的步道设施并不完善，道路、树池均有不同程度的损坏；驳岸均是硬质垂直护岸设计，不符合即将建设的湿地公园生态性要求；除了沿湖种植的十几棵垂柳外，无其他陆生植物种植，湖岸边也缺少水生植物；沿湖缺少休息停留的节点；亲水活动的设施不完善等，如图3-21，这些不足都是在绿道设计中需要解决的问题。

图3-21　西海北沿滨水步道（修整前）

3. 绿道总体设计

西海北沿滨水游憩绿道总体设计如图3-22。

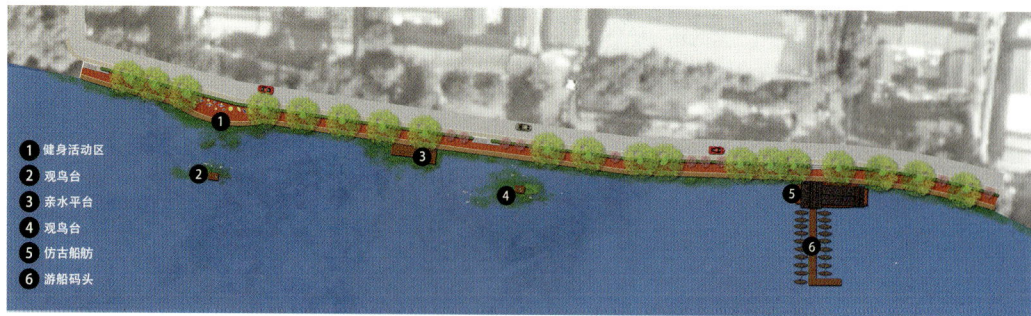

图3-22　西海北沿滨水游憩绿道设计总平面图

4. 绿道景观设计

（1）自然景观设计　西海北沿绿道设计最大的优势就是滨水，水景观的介入为绿道景观空间提供开敞的视野。因此，在设计中绿道与水面不加任何遮挡物，人们在绿道中活动时能够尽情欣赏西海的生态水景观。

植物种植方面在保留了场地原有垂柳的基础上，增加了迎春、连翘、山桃、榆叶梅的种植，丰富了植物的季节性变化，在生机勃勃的春季形成"桃红柳绿"的优美自然景观；沿人行道一侧种植大叶黄杨、金叶女贞绿篱，隔离了机动车道与步行绿道，形成独立的绿道系统，保证了绿道的安全性。硬质护岸全面改造为植物缓坡，沿河种植芦苇群落、千屈菜群落和菖蒲群落，形成稳定的湿地生态系统。

（2）人工景观设计　什刹海原是京杭大运河起点，将原西海垂钓区改建成为古码头，配之以古船再现运河记忆，并通过人像、浮雕等方式展现运河码头的生活场景（图3-23）。

图3-23　西海北沿滨水游憩绿道人工景观设计意向图

为招引水鸟等野生动物，在水面上建设了一些浮动鸟岛、观鸟台等，在鸟岛上适当栽植小灌木等低矮植物，设置木桩、石头等，供各种鸟类及两栖动物栖息繁衍。

5. 慢行道设计

（1）游径设计　西海北沿的绿道游径分成了亲水木栈道和彩色塑胶铺成的活动步道（图3-24）。亲水木栈道临水而建，水岸设计成缓坡入水后，为不同高度的水生植物提供了良好的生存条件。使用者在木栈道上行走，能够欣赏优美的水生植物，观察飞禽、游鱼，适合慢行散步者使用，能够缓解疲劳、愉悦心情。彩色塑胶铺成的活动步道适合慢跑、健身等人群使用，活动范围较大，且配备了不同的活动设施。

图3-24　西海北沿滨水游憩绿道效果图

（2）节点设计　在整条绿道上主要有三个节点。一是位于活动步道上的健身活动区，配备了不同的健身设施，如图3-25（a）；二是衔接木栈道设置的亲水平台，可以进行垂钓、亲水游戏等活动，如图3-25（b）；三是仿古码头，设置了观赏用的船舫以及可租赁的游船，加深对古运河文化的诠释。

（a）

（b）

图3-25　西海北沿滨水游憩绿道节点
　　　　效果图

6. 服务设施设计

（1）照明设施　为了保证良好的照明效果，每隔15m设置一个景观照明灯，作为绿道系统中主要的亮度来源；其次在绿道的各个入口处，加大光照强度，方便使用者进出；在健身活动区域增设地埋灯以及各种景观用灯；在亲水平台和游船码头处增设水底灯，增加滨水区域夜间观赏性。整个绿道照明本着以人为本、安全性的原则进行设计，夜间照明效果如图3-26所示。

图3-26 西海北沿滨水游憩绿道夜间照明图

（2）**游憩设施** 绿道内主要的休息设施均是结合原有垂柳设计成树池座椅，既保护了树木基部也为人们提供了舒适、惬意的休息场所。绿道内的活动设施以健身活动器材为主，方便使用者进行身体锻炼，在码头处也提供游船。

（3）**标识设施** 原场地内的标识设置是西城区统一的标识系统，无差别设计；老城区形成了绿道网络后应该有一套属于绿道自身的标识系统，方便使用者辨别。如图3-27所示，在入口处设置信息标识，方便使用者了解绿道游线及景观景点；指示标识的设置能够引导人们到相关节点；在仿古码头设置警示标识，提醒人们禁止游泳。

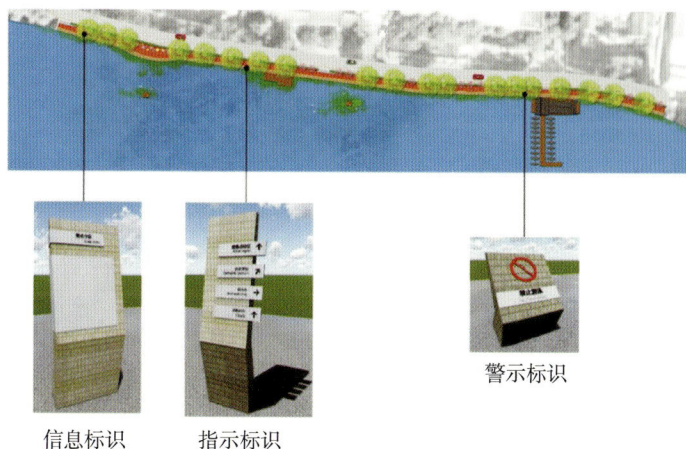

警示标识

信息标识　　指示标识

图3-27 西海北沿滨水游憩绿道标识设置

除此之外，在各绿道入口处还设有无障碍通道，方便特殊人群的使用。

（二）景山西侧滨水游憩绿道设计

1. 区位分析

《北京城市总体规划2016—2035年》老城区传统格局保护中将沿景山西街东侧规划新水系，连通筒子河和北海，为市民提供有历史感和文化魅力的滨水开放空间。新规划水域的位置如图3-28所示。

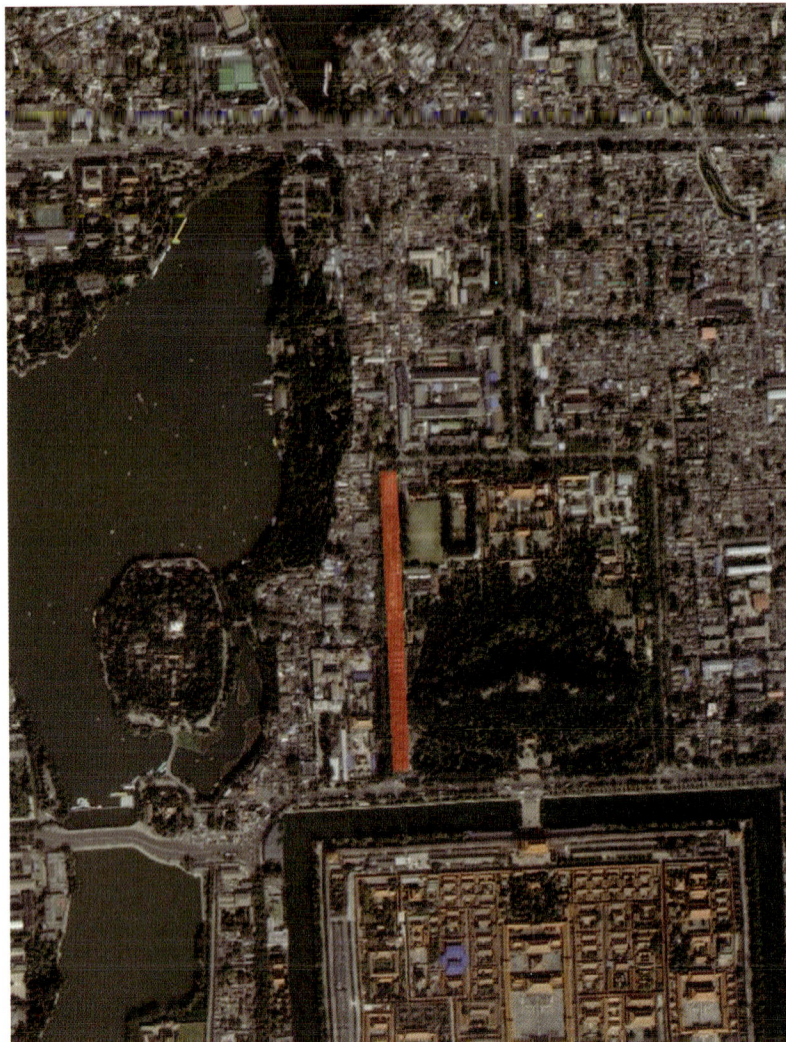

图3-28 景山西侧滨水游憩绿道区位图

2. 现状分析

规划水域紧邻景山公园，公园西门出入口将场地分为南北两部分，北侧为停车场，南侧为办公区域。景山西街两侧的行道树为国槐，停车场内种植大叶黄杨绿篱用以隔离人行道，整体绿化较为单一（图3-29）。设计区域全长约525m，平均宽度40m，新水系规划后，有足够的空间进行绿道设计。

图3-29 景山西侧街道（修整前）

3. 绿道总体设计

景山西侧滨水游憩绿道总体设计如图3-30所示。

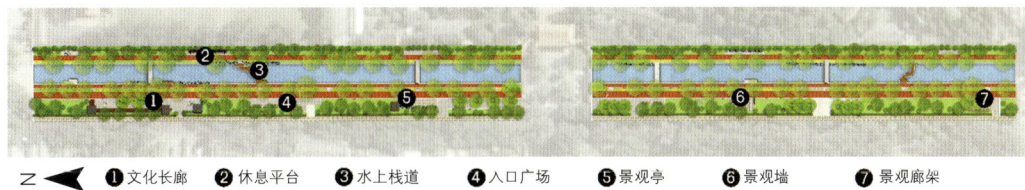

北 ◀ ❶文化长廊 ❷休息平台 ❸水上栈道 ❹入口广场 ❺景观亭 ❻景观墙 ❼景观廊架

图3-30 景山西侧滨水游憩绿道设计总平面图

4. 绿道景观设计

（1）自然景观设计 绿道的景观设计围绕着新修建的河道展开，由于绿道东侧是景山公园，西侧为市政道路，场地和地理位置的局限性使得河岸两侧不宜采取自然式的驳岸设计，因此河岸以硬质驳岸为主，为使用者预留出足够的活动空间。

绿道场地上原是硬质铺装和建筑，基本上没有种植植物。因此植物的种植设计是该绿道设计的重点。本设计中沿河岸种植垂柳、国槐、毛白杨等高大速生乔木树种，快速形成庇荫的舒适绿道空间，方便使用者在绿道中活动，提高绿道的使用频率。两侧绿地种植碧桃、白玉兰、紫玉兰、樱花、西府海棠、五角枫、紫叶李等观花观叶树种，丰富绿道的四季景观变化。在沿墙和毗邻人行道的绿地中种植油松、圆柏、侧柏、雪松等常绿树种，在冬季也能形成绿树红墙的别致景观。绿道与市政道路用大叶黄杨、小叶黄杨和紫叶小檗间隔种植的绿篱相隔；沿绿道游径种植迎春、醉鱼草、连翘、月季、金银木等观花灌木；在骑行和步行的缓坡上种植铺地柏及应季花卉，丰富地被层的种植。通过合理的植物配置使绿道形成多层次的植物空间景观，丰富绿道的色彩及空间变化，提高使用者的活动兴趣。

（2）人工景观设计 绿道内的人工景观设计加入了中国古典园林设计中假山、景石、景亭、长廊、盆景、挡墙等元素（图3-31），运用在不同的景观要素中，或在节点中成为设计的中心，或与河对岸景观形成对景，或形成障景分隔绿道空间。除此之外，不同的节点处也设置了样式各异的雕塑和树池座椅，在河岸护坡草地上还设计了浮雕护坡。使用者在沿河步道上慢行时，能够切身体会到绿道带来的文化魅力。

图3-31 景山西侧滨水绿道人工景观意向图

5. 慢行道设计

（1）**游径设计**　绿道的游径分为步行游径和骑行游径（图3-32）。沿河岸两侧设计步行游径，西侧步行游径滨水，游径旁设置亲水平台，东侧的步行游径位于缓坡上；河岸西侧的缓坡上设置骑行游径，步行游径和骑行游径间设置草坡台阶（图3-33），使不同活动类型的人群在不同的水平面上活动，保证活动的独立性和安全性。

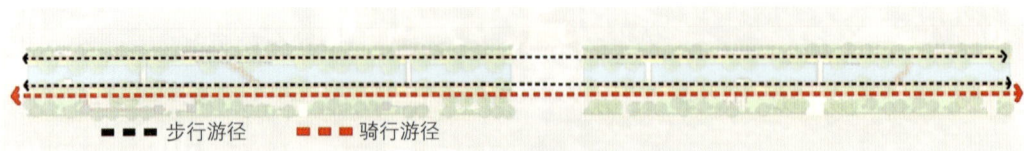

- - - 步行游径　- - - 骑行游径

图3-32　景山西侧滨水游憩绿道游径设计

图3-33　滨水游径分流

（2）**节点设计**　绿道中的节点涵盖了景观、游憩、文化展示等多重功能，选取A、B两个节点作主要的节点分析（图3-34）。

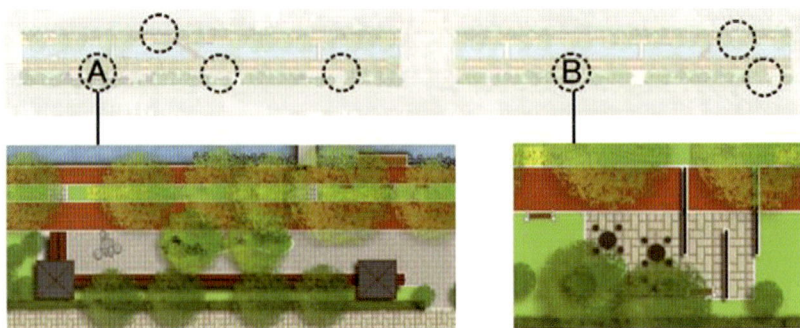

图3-34　景山西侧滨水游憩绿道节点设计

A处节点与绿道出入口相连，场地的活动范围较大，以中国古典园林中常用的景亭和长廊相结合，构成节点中主要的休憩空间，使用者可以在连廊内短暂休息或进行交流；连廊的对面设置了小型景观绿地，摆放假山置石，与绿道游径相隔，在一定程度上保证了连廊的隐蔽性。整个节点的设计以中国古代造园要素为主题，使人们感受到中华文明的古老韵味，也符合场地所处的紧邻皇城的区位，凸显了皇家园林的气派与辉煌（图3-35）。

B处节点的设计较为现代化，但也结合了中国古典元素：在节点北侧设置了石凳石桌，南侧用瓦片层叠起来的景墙进行空间的分隔，景墙虽然是实体但是由于瓦片间的间隔，使得空间的划分并不显得沉闷，使用者能够透过景墙观察到节点内部，但也不影响场地内使用者的休憩活动（图3-36）。

图3-35 景山西侧滨水游憩绿道A节点意向图　　图3-36 景山西侧滨水游憩绿道B节点意向图

6. 服务设施设计

（1）照明设施　在绿道沿河岸两侧的步行游径沿线每隔10m设置一个景观灯，在河岸西侧的骑行游径沿线每隔15m设置一个路灯，扩大照明范围。在绿道内的各节点处设置不同形状样式的景观灯，在保证绿道安全性的同时提高夜间的观赏性。如在长廊外设置地灯和中式花纹的景观灯，在栈道和石桥的柱子设计上结合灯光照明，在缓坡草地内设置草坪灯等（图3-37）。

图3-37 景山西侧滨水游憩绿道照明设计

（2）游憩设施　绿道内的游憩设施以游径沿线的座椅，以及长廊、绿色廊架、树池座椅为主，为绿道中的活动者以及在老城区内观光游览的游人提供休息和交往的设施。在绿道入口的节点设置了少量的活动设施，供附近居民日常健身活动使用。

（3）卫生设施　绿道游径沿线和各节点处均设置了垃圾桶，除此之外在每个景观桥与游径的连接处也加设了垃圾箱，保证在使用者的目视范围内有投放垃圾处，共同维护绿道的卫生环境。在活动区域设置洗手池，方便使用者活动过后进行简单的清洁。

五、老城区历史文化型绿道设计

（一）钟鼓楼历史文化型绿道设计

1. 区位分析

北京市钟鼓楼位于东城区地安门外大街北端，与传统的钟鼓楼左右对峙的布局方式不同，北京的钟鼓楼在南北中轴线的最北端。周边有什刹海公园、宋庆龄故居、郭沫若故居、庆王府、恭王府、梅兰芳故居、广化寺等著名景观节点。钟鼓楼最早是为记录时间而建设，作为元、明、清三朝都城的报时中心，与周边的胡同、四合院居住区构成老城区风貌的重要组成部分，承载着丰富的历史人文信息，集聚民俗文化特征，是老城区重要的标志性建筑，具有特殊的历史文化价值。沿钟楼湾胡同、结合钟鼓楼文化广场建设历史文化型绿道，再现"暮鼓晨钟"的老北京记忆，展示古老的计时方式，唤起人们对时间的珍惜；同时也连通内外，方便使用者到达周边景观节点。

对钟鼓楼东侧的钟楼湾胡同进行具体的绿道设计，设计的范围长约420m，平均宽度5m（图3-38）。

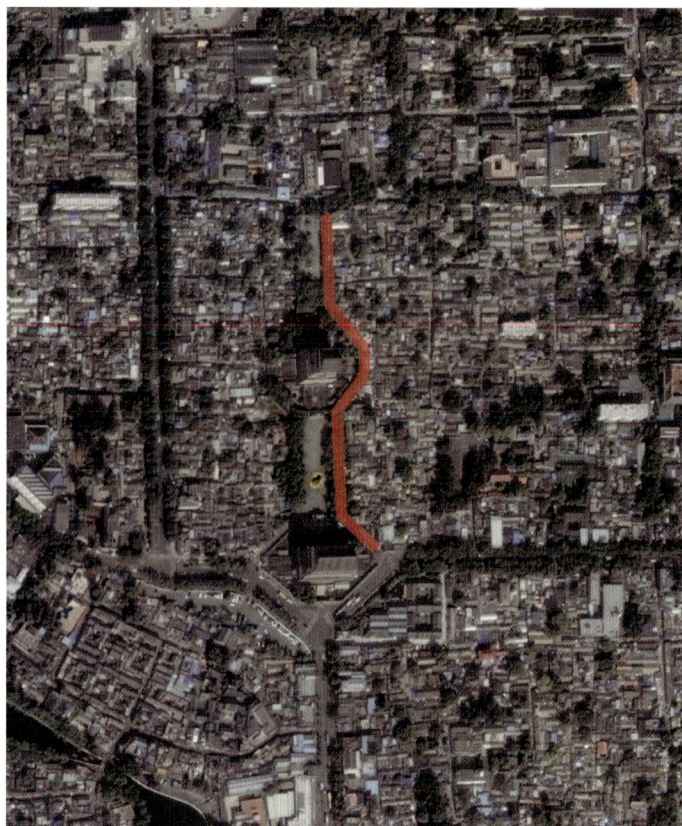

图3-38　钟鼓楼历史文化绿道区位图

2. 现状分析

钟楼湾胡同是进入到钟鼓楼景区的必经道路，禁止机动车通行，因此使用者的安全得到了保障，但是在钟楼东南沿路，违规停放了大量的三轮车和自行车，严重阻碍了道路的通畅；在钟楼东侧的停车场车辆无序停放，占道情况严重。道路整体绿化现状较好，只是鼓楼东侧与市政道路相连的入口和钟楼东侧没有植被覆盖，空间中硬质铺装过多；尽管沿路的地被层有草坪覆盖，但略显单一，缺少花卉点缀植物景观（图3-39）。钟鼓楼文化广场及钟楼北侧的活动场地为附近居民及景点游人提供集散和活动的空间，但是相对活动空间的增多，休憩等设施的提供并不完善。因此，在绿道设计的过程中须注重休息空间的构建和历史文化的传播，在绿道空间的构建中应重点弥补这些不足。

图3-39　修整前钟鼓楼设计区段

3. 绿道总体设计

钟鼓楼历史文化型绿道总体设计（图3-40）。

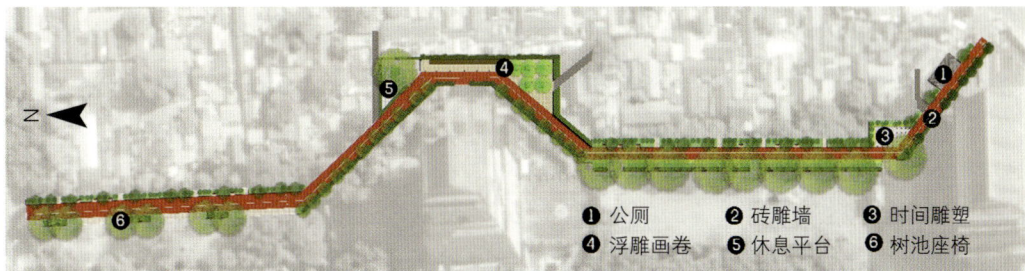

❶ 公厕　　❷ 砖雕墙　　❸ 时间雕塑
❹ 浮雕画卷　❺ 休息平台　❻ 树池座椅

图3-40　钟鼓楼历史文化绿道设计总平面图

4. 绿道景观设计

（1）自然景观设计　钟鼓楼东侧道路原绿化景观较好，在原有绿化的基础上增加了钟楼东侧的国槐种植，在广场东侧隔离绿带靠近绿道一侧增加了花带种植，形成了明显的乔、灌、草三层植被结构。鼓楼东侧的开阔场地也改造成了景观节点，用大叶黄杨绿篱与居住区的道路相隔，场地两侧种植了国槐和西府海棠。整段绿道的植物种植本着协调统一的原则，以国槐为主要树种，间植西府海棠，中间的灌木层以大叶黄杨和小叶黄杨为主，树下种植玉簪等耐荫地被植物，沿绿道游径种植季节性花卉，增强绿道植物景观的四季变化感。

图3-41　人工景墙及浮雕意向图

（2）人工景观设计　历史文化型绿道设计的目的除了满足其功能性外还要兼顾其文化的体现与传播，人工景观常常作为文化展示的载体出现在绿道设计中。在绿道南侧入口正对胡同入口处设置了砖雕墙，展示钟鼓楼的历史发展脉络，人们刚进入到这段绿道区域就能了解到绿道所要展现的文化，是以钟鼓楼为主题的时间概念景观，如图3-40。在转弯处的时间雕塑正对着钟鼓楼文化广场的入口，一面是古老的鼓楼建筑，一面是以雕塑为主题的小型节点，形成相互呼应的景观，也突出了广场入口，方便人们识别以及达成游览的意识。在钟楼东侧的新建场地中央设置了展示古代计时技术发展的浮雕，如图3-41，两侧是提供休息的树池广场，使用者在绿道中活动的同时能够了解时间记录的进化史，突出了钟鼓楼的建设意义，展现了古老的中华文明博大精深的技艺，对于文化的继承与传播有着积极的促进作用。除此之外，在绿道沿线还设置了不同的景观标识牌和景观柱，提供信息的同时还能起到点缀空间景观的作用。

5. 慢行道设计

（1）游径设计　绿道游径沿着原钟楼湾胡同设计，游径连通，没有因为交通原因出现中断；由于周边的居民区较聚集，自行车出入情况比较普遍，在绿道宽度允许的条件下分成了自行车道和步行道两部分，并在路面上用不同的骑行和步行标志以示区分。钟鼓楼之间和钟楼北侧的大广场均设置了多个绿道出入口，使广场与绿道完成良好的衔接，形成统一的游憩体系，共同塑造钟鼓楼地带独特的文化景观。在绿道东侧与各居住区和胡同预留了出入口，在不影响居民日常生活的同时也能方便社区居民的使用，提高绿道的使用频率，提升周边居民的生活质量。

（2）**节点设计**　绿道的位置与文化广场相衔接，并不缺少活动空间。因此，节点的设计主要目的是钟鼓楼文化的展示和历史文脉的传承，在此基础上增加休憩空间（图3-42）。

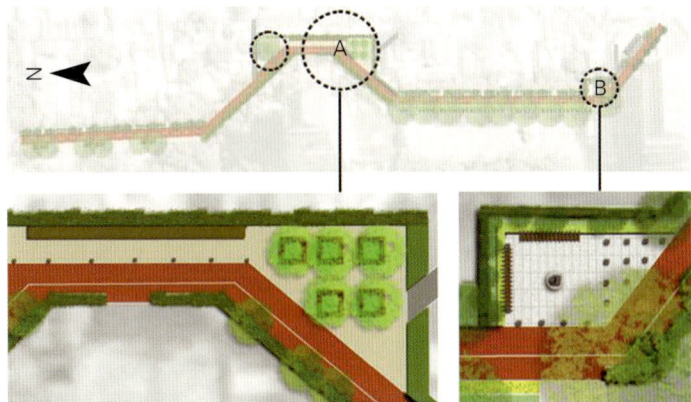

图3-42　钟鼓楼历史文化型绿道节点设计

A处节点是以文化展示为主，广场中央设置了大型的浮雕景墙，用以展示中国古代计时技术的发展历程，让人们能够充分领略到钟鼓楼的文化魅力；绿道与场地衔接处设计了景观路障，加入中国古典元素，形成独具特色的节点景观。场地南侧的树池座椅为活动人群提供了休憩的空间，宽阔的场地空间也为周边居民进入绿道提供了有利条件。

B处节点是以时间雕塑为中心，南侧设计了10个高度不等的小型浮雕景观柱，以突出珍惜时间的主题；雕塑的东、北两侧均设有休息廊架，为使用者提供停留点和观赏点。

6. 服务设施设计

（1）**照明设施**　绿道场地内东侧每隔10m设置一个中等高度的景观灯，西侧与广场相衔接处每隔15m设置一个路灯，扩大照明范围。在游径两侧的绿地中设置草坪灯，在砖雕墙和浮雕景观前加设条形灯带，在三个节点处都加大照明亮度，方便使用者活动（图3-43）。

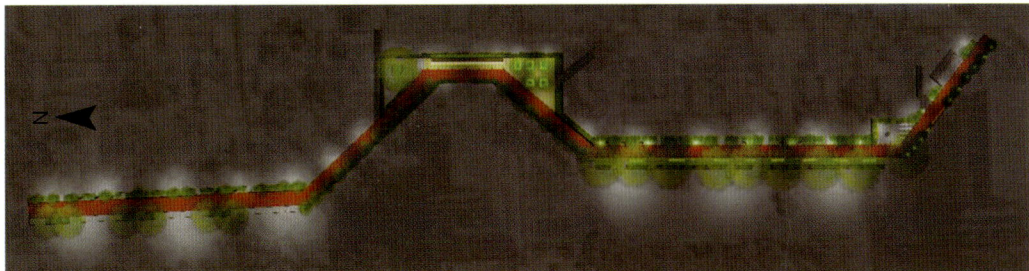

图3-43　钟鼓楼历史文化绿道照明设计

（2）卫生设施　钟鼓楼区域属于老城区内重要旅游景点，又紧邻居住区，人流量较大，因此绿道的卫生设施就尤为重要。在绿道南侧的入口处保留了原有的公共卫生间，方便活动者使用；同时在游径的两侧，每隔15m设置了一个分类垃圾箱，保证钟鼓楼区域的环境干净整洁。

（二）地安门内大街历史文化型绿道设计

1. 区位分析

地安门内大街在北京南北中轴线上，因位于地安门内而得名，北起地安门，与地安门外大街、地安门西大街、地安门东大街连接，南至景山后街，全长550m。地安门内大街东、西两侧的明代皇城墙遗存，始建于永乐十八年，经过多次修缮，现存皇城墙为清时原物，也是北京市的文物保护单位。地安门内大街东侧的绿道设计如图3-44所示。

图3-44　地安门内大街绿道设计区位图

2. 现状分析

地安门内大街东侧的绿地面积较大，且有古城墙遗址存留，具有良好的绿道建设条件，区域内有人行道与场地的连接，但只以休息节点的形式存在，并没有与城墙文化相融合，市政交通系统的干扰性较大，没有形成独立的绿道空间，也没有形成内部游径（图3-45）。以黄化门街为界，道路以北连接城墙的区域绿地面积大，绿化效果好，植物种类较多，但是道路以南没有城墙遗址，绿化植物种类少，绿地面积小，与人行道用栏杆相隔，景观效果不好。

图3-45　修整前地安门内大街设计区段

3. 绿道总体设计

地安门内大街绿道总体设计如图3-46所示。

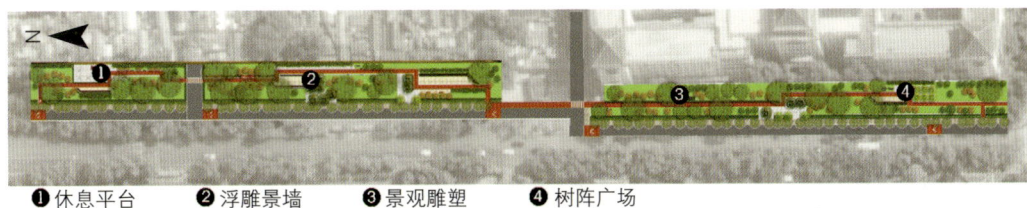

❶休息平台　　❷浮雕景墙　　❸景观雕塑　　❹树阵广场

图3-46　地安门内大街绿道设计总平面图

4. 绿道景观设计

（1）自然景观设计　场地内可利用的绿地面积较大，在保留了原有的国槐、毛白杨、垂柳、侧柏等大树的基础上增加了大叶黄杨、小叶黄杨、紫叶小檗等修剪成的绿篱，用以分隔人行道和绿道空间，在绿道游径及节点周边种植应季花卉。此外，还增加了碧桃、紫叶李、玉兰、连翘、海棠等彩叶树种的种植，增加植物的四季变化。树下庇荫处栽种玉簪、草坪上种植铺地柏，用来丰富地被层，形成"红墙绿地"的靓丽景观。

图3-47 浮雕景墙意向图

（2）人工景观设计 该绿道是以城墙为依托进行设计，因此以突出历史文化为重点，在绿道不同节点的设计中均有浮雕景墙运用，用以展现老北京城历史变迁的轨迹（图3-47）。在休息平台和游径的沿线也有景观雕塑和景观石的设置。这些精心设计的人工景观丰富了绿道的文化内涵，充分体现出历史的韵味。

5. 慢行道设计

（1）游径设计 该绿道的游径根据场地的条件及地形，选择了折线型路线，休憩及观赏节点穿插其中。设计区段原有的绿地并不相连，而是被市政道路分隔成三部分。因此，在保证游径连通的基础上用斑马线及颜色在道路交叉口处加以标示提醒，提高绿道使用的安全性。由于整条绿道较长，因此结合节点的设计在中途设置了多个出入口，方便使用者进出（图3-48）。

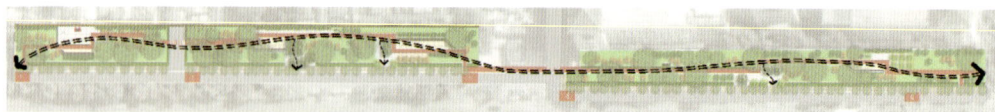

图3-48 地安门内大街绿道游径设计

（2）节点设计 由于地安门内大街南端就是景山公园，同时又处在北京的南北中轴线上，因此会有较多的游人在此处停留。绿道中的节点以景观性节点和展示性节点为主，主要为使用者提供舒适的休息场地，同时展示北京的城墙文化。该设计一共有五处节点（图3-49），选取其中主要的两个节点A、B进行具体分析。

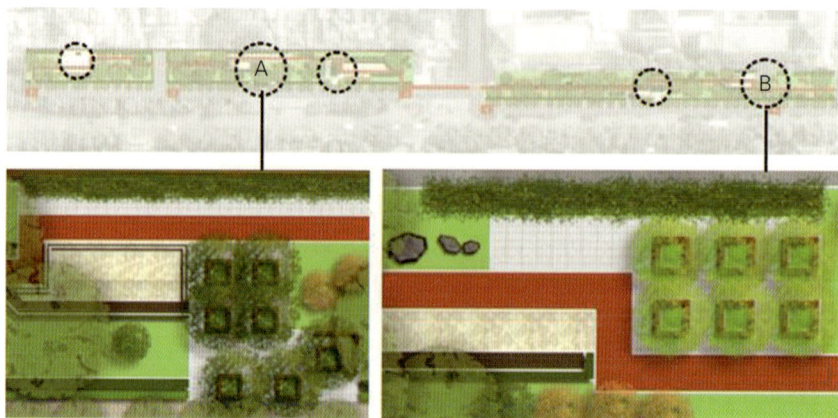

图3-49 地安门内大街绿道节点设计

A处节点结合绿道游径设计为一个相对开敞的空间，利用场地的转角和中心开阔处树池与座椅的结合，构造出舒适的休闲空间，同时与步行道相连通，方便人们的使用和进出。在绿道游径的外侧构建了一个小型下沉空间，用浮雕景墙的形式展示城墙文化，景墙沿坡面设置，整体低于人的视线，以特殊的设置方式增加人们的观赏兴趣。在沿城墙一侧种植竹子，红墙与绿竹相互映衬，形成古香古色的优美景观。

B处节点同样以城墙文化为纽带设置了浮雕景墙，并在绿道游径的沿线摆放景观石，突出绿道的文化内涵。在场地上以树池座椅的形式种植了树阵，方便使用者休息。

6. 服务设施设计

（1）**照明设施**　该绿道位于市政道路旁，因此路灯的照明光线会进入到绿道中来，绿道中的照明可以借用市政照明，不设置过高的景观用灯。在绿道游径沿线每隔12m设置一个中等高度的景观灯，以照亮绿道游径周边景物；在浮雕景墙底部设置条形灯带，保证浮雕在夜晚清晰可见；在入口及休息节点处设置地灯，在不影响人们使用的同时，为人们提供照明；树池座椅的设计也与照明相结合，在座椅中下部增设灯带，与场地中的地灯相互映衬。整个绿道的夜间照明充足，方便使用者在夜晚活动（图3-50）。

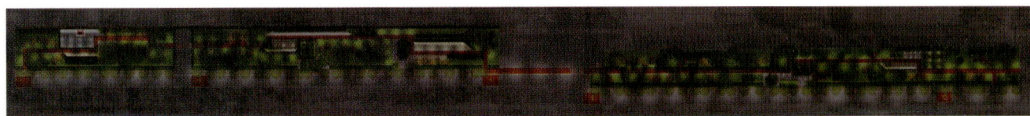

图3-50　地安门内大街绿道照明设计

（2）**游憩设施**　该绿道的设计中多休憩类设施，如场地中树池座椅、入口转弯处的座椅、休息平台内的石质桌椅，以及游径沿线放置的简易座椅等（图3-51）。

从所选择的西海北沿滨水游憩绿道、景山西侧滨水游憩绿道、钟鼓楼历史文化绿道、地安门内大街文化绿道四个绿道设计方案，分别从绿道景观、慢行道及服务设施三个方面，考虑到绿道场地所处的自然环境条件，结合城市的发展历程和区域分布，突出绿道自身的特点，满足活动者使用需求的同时创造优美的绿道景观。

图3-51　树池座椅意向图

第四章
北京市通州区绿道规划

第一节　绿道现状分析

一、通州区概况

（一）地理环境

北京市通州区地处北京市东南方向，为京杭大运河北端，东部连接河北省三区县：三河市、大厂回族自治县、香河县，西部为北京市朝阳区和大兴区，南部与天津、廊坊交接，北部与北京市顺义区接壤。国土面积为906km²，2016年常住人口达到109万。通州紧邻北京中央商务区，并且距离国贸中心、首都机场较近，被称为"一京二卫三通州"，是环渤海经济圈的重要枢纽。2015年7月通州区被正式确立为北京市行政副中心。

通州地处永定河、潮白河冲积平原，西北高东南低，海拔最高点为27.6m，最低点仅为8.2m，高地相差约19.4m。土壤多为砂壤土、潮黄土以及两合土等，土质肥沃。境内有9条河流流经此地，夏季高温多雨，冬季寒冷干燥，春秋温度适宜，但天气多风。年平均温度为11.3℃，降水量约为620mm。

（二）历史文化

春秋战国时期通州隶属燕国，名为"渔阳郡地"，与上古、右北平、辽西以及辽东五郡同为燕昭王开拓领地。到秦时期仍为渔阳郡地。西汉时期于今区境置路县，属渔阳郡。后王莽时期将路县改名为通路郡。东汉成立后又将其恢复西汉时的称谓，当将"路"改为"潞"，自此之后，该区域被称为"潞县"。

三国时期潞县归属曹魏，后改属燕国。北魏时期，潞县的行政从属于今三河县西南城子村。开皇三年后，潞县从属幽州，后经大业三年从属涿州。从唐代开始又经历了漫长的从属、改政等，直到民国元年通州改名为通县，后又直属河北省管辖。与1958年，通县和通州划为北京市范围，并合并统称为通州区，1960年又被改为通县，但经历30余年又改回通州区。直至今日，通州区一直作为北京市辖区。

通州作为北京市重要的城郊区域，其风俗文化也深受北京城市影响。通州区域人口众多，也分布着多个民族，其中以回族、满族为主，回族主要聚集在通州镇南街、张家湾镇、马驹桥镇以及于家务回族乡。通过人口普查发现，这里还聚集着蒙古族、藏族、维吾尔族、苗族、彝族、壮族、布依族、朝鲜族、京族、塔吉克族、阿昌族、锡伯族、撒拉族、土族、纳西族等31个少数民族。

通州区域城市的居住环境以楼房为主要居住形式，周边乡镇多以正房为主形成院落。从风俗习惯来看，仍保留传统节日的庆祝习俗，包括春节、上元节、清明节、端午节以及中秋节等。饮食习俗城乡并无明显差别，其中小楼的烧鲇鱼、中华老字号大顺斋的糖火烧和万通酱园的酱豆腐统称为"通州三宝"。

（三）景观资源

通州区景观众多，主要景观如西海子公园，位于京杭大运河北端，园区内部设置有多种娱乐设施，可以满足各种不同人群的休闲需求。园区内还有保存良好的文物，如燃灯佛舍利塔，该塔距今有大约1300多年，始建于南北朝时期，塔高56m，周长38m，塔上共有2224个铜铃，随风而动，清朗悦耳。该塔也是古通州的象征，1985年被列为"市级文物保护单位"。

此外，通州区从内到外景观资源分布不同。从城区来讲，中心城区的景点主要是一些公园和古迹，例如，同心花园、八里桥音乐主题公园、佛光舍利塔、通州三教庙、静安寺、西海子公园、北关清真寺、观音古寺、通州运河公园等。这些公园和古迹分布在城区位置，休闲类型多样，为市民提供了多种娱乐方式。从通州近郊区的景点来看，主要有景区公园以及众多采摘区。例如，大运河森林公园、通州文化旅游景区、梨园田园广场、草莓采摘园、樱桃采摘园、果蔬种植园、葡萄采摘园等，可以为市民提供众多田园体验的景观。城市远郊区散布着历史遗址及高尔夫俱乐部。例如，奥运生态公园、萧太后遗址公园、高尔夫俱乐部、高尔夫球场、高尔夫球会等。

除此之外通州区大小景点众多，例如梨园主题公园、玉春园、满春园、萧太后河公园、第五季龙水凤港生态露营农场、海豚湾婴儿水育馆、大戚收音机电影机博物馆、莎日娜蒙古风情生态观光园、融风寨天泉垂钓谷、北京国际图书城、CKC国际宠物公园、牛仔汽车电影院、金福艺农番茄联合国、北京运河瓷画艺术馆、北京崔永平皮影艺术博物馆、花仙子万花园、瑞正园农庄、北京韩美林艺术馆、大运河森林公园、月亮河温泉度假村、运河苑温泉度假村、皇木厂民俗旅游村、北京南瓜观光园、北京葡萄大观园、齐天乐园、宋庄、天地合庄园、大运河水梦园、燃灯佛舍利塔、北京观光南瓜园、通州清真寺、营盘辉业、砖家奇观、城桥映带、洋楼异韵、珍石伟骨、古塔凌云、群龙兴会、古墓新荣、大运河俱乐部、月亮河度假村、运河生态公园、大营旅游度假村、星湖绿色生态观光园、通州运河公园、布拉格农场、中国民兵武器装备陈列馆、通州区运河文化广场、通顺赛马场、面人汤艺术馆、张家湾文化旅游度假中心、通州区博物馆、台湖第五生产队农村生活实践园、汉路县城遗址、通州古城、伏魔大帝宫等约有将近60个景点，类型丰富，为通州人们提供了众多的休闲娱乐方式。

（四）区域经济

通州经济增长迅速，从通州市GDP生产总值来看，2010年GDP总量为508.0亿元，到2016年通州GDP总值已经达到1026.7亿元，从近几年的增长幅度来看，通州经济生产总值增长幅度正在逐渐降低，其中工业比重较高。

从增长形式来看，通州市经济运行整体较为平稳，城乡就业持续稳定增加；居民收入稳步增长、民生保障逐渐完善；通州政府不断调节产业结构，创新发展成果显著；消费市场增长较快，对外贸易保持顺差；城乡发展日趋平稳，文化教育水平发展迅速；基础设施逐渐完善。

二、通州区资源概况分析

（一）河流水系分析

通州区域河流主要为温榆河、通惠河、北运河、凉水河、运潮减河、小中河。

温榆河自南向北，流经通州中心城区，北运河自南向北流经通州运河公园、郊野湿地公园。通惠河和运潮减河主要为东西方向，流经通州中心城区。其中北运河是区域命脉也是京都生命之河，是海路、漕运入京的唯一通道。通州河流现状如图4-1所示。

近几年北运河主要污染物指标逐年上升，水系污染严重，水生态系统也严重退化，道路两侧景观空旷无人，毫无生机。同时，由于近几年砂石堆积和水源枯竭导致多条河流消失，与通惠河相连的几条支流也逐渐被公路覆盖，对城市发展产生了极大影响，迫切需要采用景观规划和河流保护的手段改

图4-1　通州水系分析图

善通州环境。

近年来，通州政府对通州水生态环境的改善做出较大努力。通过实施湿地、水质净化、水系连通循环以及地下水循环等方式，构建通州区"三网、四带、多水面、多湿地"的水环境格局，建设北运河（温榆河）、潮白河、运潮减河，以及凉水河四个水生态自然修复带，构建白庙、兴各庄、于辛庄橡胶坝和榆林庄、杨洼闸水面；建设宋庄、环渤海总部等多个湿地，形成通州全区域水网，最终实现对通州区河流改善的目标，这也为景观规划奠定了基础。

（二）道路分析

通州区主要道路有通燕高速、京哈高速、京沪高速、六环路以及国道G107。通州区交通便利，四通八达，主要包括四个方面：

（1）**西方向**　联系北京市中心城的主要通道有京沈高速公路、京通快速路、通朝大街、潞苑北大街、朝阳北路、朝阳路。

（2）**北方向**　与顺义新城联系，主要道路有东六环路、东部发展带联络线、通顺路、张采路。

（3）**西南方向**　与亦庄新城相连，主要道路有东南六环路、东部发展带联络线、通马路。

（4）**东、东南方向**　衔接天津市、河北省，主要交通绿线为：京哈高速公路、京沈高速公路、通香路、京津公路、京榆路、通柴东路、武兴路（图4-2）。

（三）主要景观资源

通州区景观资源丰富，从以下三个层面进行分析。

（1）**城区**　中心城区的景点主要是一些公园以及古迹，例如西海子公园、通州运河公园、同心花园、八里桥音乐主题公园、佛光舍利塔、通州三教庙、静安寺、北关清真寺、观音古寺，这些公园分布在城区位置，休闲类型多样，为市民提供了多种娱乐方式。

图4-2　通州区道路分析图

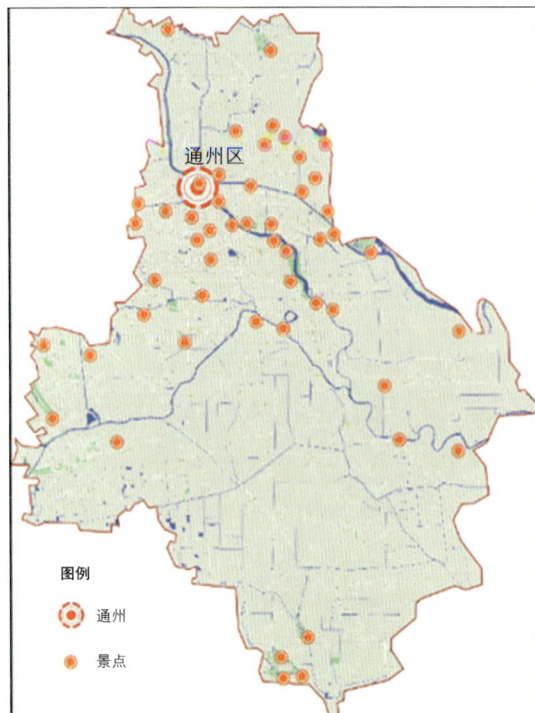

图4-3 通州景观节点分析图

（2）通州近郊区 主要有景区公园以及众多采摘区，例如大运河森林公园、通州文化旅游景区、梨园田园广场、草莓采摘园、樱桃采摘园、果蔬种植园、葡萄采摘园等，可以为市民提供众多田园体验的景观。

（3）通州城市远郊区 主要有奥运生态公园、萧太后遗址公园、高尔夫俱乐部、高尔夫球场、高尔夫球会等，主要分布在远郊区域，以及沿河地段，如图4-3所示。

三、通州区绿道现状

根据《北京市级绿道系统规划总报告》中针对通州区的绿道规划如图4-4所示，规划中绿道全长98km，分

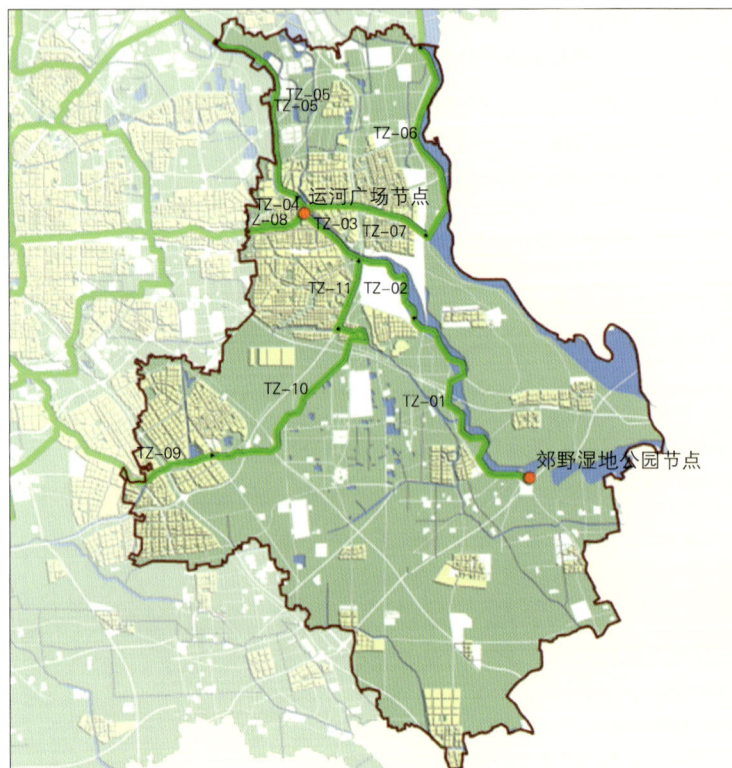

图4-4
通州绿道规划

为东西两条主线，西侧主线路由中心区域向南北两个方向延伸，沿着温榆河、北运河、凉水河一侧建设，串联河道边缘的运河广场等；东侧沿着潮白河、运潮减河、北运河等延伸至郊野湿地公园。

绿道规划报告中指出，通州绿道规划中绿道主要有三种绿道类型：

（1）东翼大河绿道、森林公园绿道以及中心城滨水绿道，其中东翼大河绿道全长46.8km，沿温榆河、北运河以及凉水河建设滨水绿道，主要体现滨水休闲功能。

（2）森林公园绿道主要是沿潮白河、运潮减河、北运河建设，全长46.8km，连接大运河森林公园和郊野湿地公园。

（3）中心城滨水绿道主要是沿城区内部通惠河建设，发挥休闲功能，如图4-5所示。

图4-5
通州区绿道规划

第二节　绿道规划

一、规划目标

　　通州绿道规划重点在于根据绿道分类系统，依据通州现状因地制宜对整个通州区进行绿道系统规划。通过对通州区的水系、道路以及景观节点进行分析，以绿道分类系统为依据分别对这些景观节点以及水系等进行分类整理，最终按照分类系统运行，对通州做出适宜性绿道规划。

二、规划原则

（一）体现地方特色

　　充分挖掘当地特色以及文化内涵，突出地方人文特色，根据当地风土人情建设绿道。尊重当地风俗习惯以及民族景观特色，对当地历史遗迹等以保护为主，并结合宣传、发扬当地历史文化的功能目标建设绿道。

（二）突出多样化

　　根据绿道分类系统中不同功能类型的绿道建设要求对规划地进行绿道规划，充分体现出不同绿道类型的特异性，不同类型的绿道建设要求各有特色，结合当地景观资源环境以及基础条件，打造能够满足不同文化层次、职业类型、年龄结构以及消费层次的人群要求，建设形式各异、功能多样的不同主题和目标的绿道。

（三）以人为本

　　绿道建设本着以人为本的原则，充分体现绿道的合理化利用。根据人的需求建设绿道，不随意占用居民用地，因地制宜，建设有利于群众的实用性绿道，充分体现绿道对城市休闲生活的补充作用而不是副作用。

（四）彰显生态性

　　在绿道建设的过程中应该充分体现出对当地生态环境的利用而不是破坏，结合当地水系、植被以及景观资源等自然特征，避免大规模开发利用、破坏周边地区的生态环境，协调好保护和发展的关系，建设生态型绿道。

三、绿道总体规划

　　以绿道分类系统指导通州区绿道的规划，绿道规划分为两级，第一级绿道以区域作为绿道的划分标准，划分为城市型绿道、近郊型绿道、郊野型绿道。二级绿道将绿道功能作为绿道划分的依据。

（1）**城市型绿道**　城市交通辅助型绿道、城市游憩型绿道、城市生态型绿道、城市历史文化型绿道、城市生活型绿道。

（2）**近郊型绿道**　近郊生态型绿道、近郊体验型绿道、近郊游憩型绿道、近郊防护型绿道。

（3）**郊野型绿道**　郊野生态型绿道、郊野历史遗迹型绿道、郊野游憩型绿道、郊野经济型绿道。

绿道分类系统见表4-1。

表4-1　绿道分类系统

绿道	一级	二级
绿道分类体系	城市型绿道	城市—交通辅助绿道
		城市—游憩绿道
		城市—生态绿道
		城市—历史文化绿道
		城市—生活绿道
	近郊型绿道	近郊—生态绿道
		近郊—体验绿道
		近郊—游憩绿道
		近郊—防护绿道
	郊野型绿道	郊野—生态绿道
		郊野—历史遗迹绿道
		郊野—游憩绿道
		郊野—经济绿道

根据通州景观资源、水文历史等按照上述分类系统进行绿道分类规划，图4-6为规划总图。

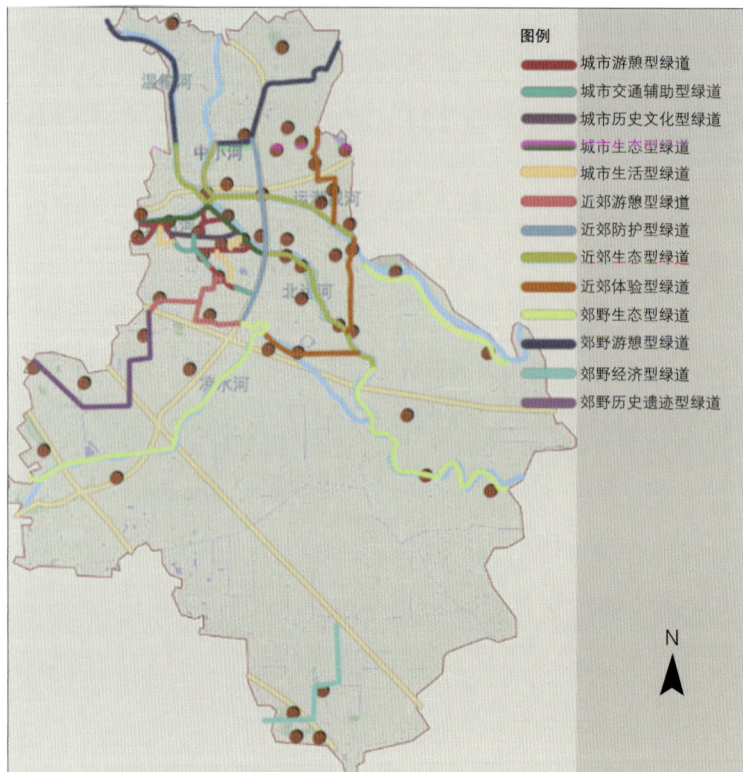

图4-6
通州绿道规划总图

图4-7 通州区1级绿道规划图

四、绿道规划类型分析

（一）区域绿道类型规划

根据前面提出的绿道分类系统，将绿道按照区域和功能分成两级，其中绿道以区域作为绿道分类的标准，将绿道划分为三类即城市型绿道、近郊型绿道、远郊型绿道（图4-7）。

根据通州城市规划按绿道分类系统将绿道分成三个区域。

（1）城市型绿道区域 城市型绿道建设主要分布在通州区建成区内，涵盖通州中心城区的北苑、新华、中仓、玉桥四个区域。

（2）近郊型绿道区域 该区域绿道主要是在通州区的城乡交界地带，

根据通州新城的规划布局，将该部分区域作为通州城市发展的重点区域，因此将该部分作为城市近郊区域绿道的规划范围，该区域涵盖梨园地区、永顺地区以及潞城镇和张家湾部分区域。

（3）远郊型绿道区域　该区域距离中心城区较远，主要包含宋庄镇、西集镇、潞城镇、张家湾镇、马驹桥镇、于家务回族乡、永乐镇。

（二）城市型绿道规划

1. 规划依据

城市型绿道规划涵盖通州城区部分，包括中仓、新华、北苑、玉桥（图4-8），通过分析该区域的土地利用现状、景观节点、河流水系等对该区域的景观资源进行分析。

（1）景观节点　该区域的景观节点主要有：东1时区公园、万达宝贝王乐园、梨园主题公园、观音古寺、健身俱乐部、北关清真寺、万春园、静安寺、西海子公园、通州三教庙、运河生态公园、通州运河公园（图4-9）。

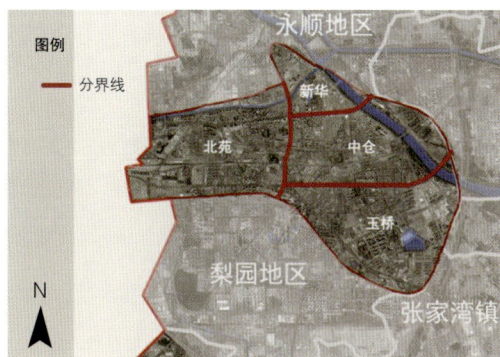

图4-8　中心城区分布

图4-9　中心城区景观节点

（2）居住区及交通分布　中心城区内部交通较为复杂，因此绿地分布较少，具有较多的居住区以及工业区（图4-10）。

（3）中心城区水系　主要有通惠河、北运河（图4-11）。

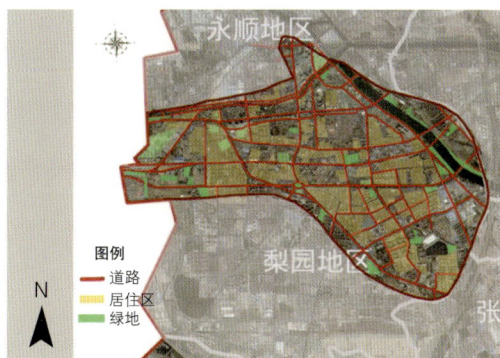

图4-10　中心城区用地类型分析图

图4-11　中心城区水系分析图

2. 绿道规划

根据上述道路分析、居住区用地分析、景观节点分析以及河流水系分析，结合当地文化特色，对中心城区进行绿道规划。

（1）绿道功能目标

城市生活型绿道：主要分布在城市的居住区外围，一方面与居住小区内部交通相连，另一方面连接城市中的游憩型绿道、生态型绿道以及文化型绿道，该类型绿道尽可能服务于居住区附近的居民，方便居民从小区直接到达就近的景观绿道，也是将生活绿道与城市绿道联系起来的纽带。

城市生态型绿道：通州城市中心区域分布有两条主要河流，生态型绿道主要是将城市内部的自然生态景观同人文活动联系起来。城市河流更容易受到城市生活垃圾的污染，因此该类型绿道更注重生态保护，一方面保护河岸，另一方面起到净化水源的作用。

城市游憩型绿道：该类型绿道主要串联城市内部景点，方便居民通过生活绿道直接进入游憩型绿道。该类型绿道一方面有助于整合城市景观节点，另一方面也有利于居民更为便捷地到达各个景点。

城市历史文化型绿道：该类型绿道主要是体现通州文化景观，通过建立一条文化型廊道将城市的中心文化充分体现出来，这对于一个城市来讲更有利于体现城市的精神风貌，也是一个城市的特色体现。

城市交通辅助型绿道：该类型绿道主要是对城市交通起到辅助的作用，城市作为交通的集结之地，交通更为复杂，更容易出现交通堵塞现象，因此该类型绿道的主要作用就在于缓解城市的交通现状。具体绿道规划内容如图4-12所示。

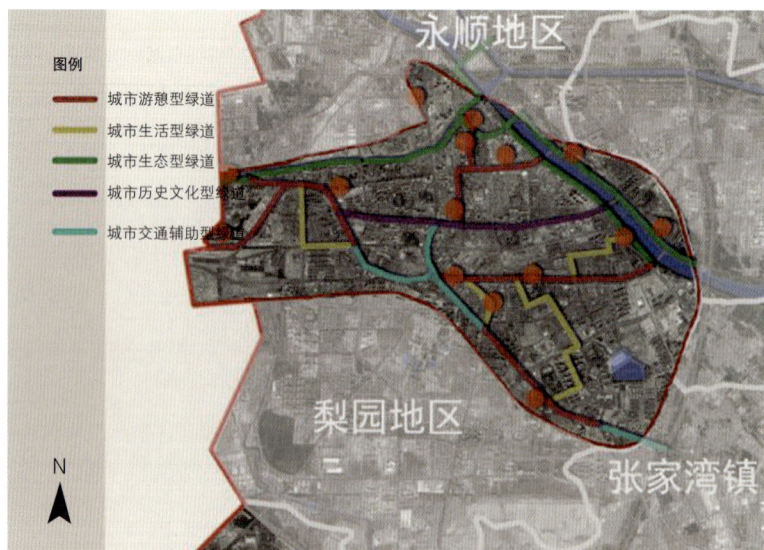

图4-12　通州中心城区绿道规划

（2）绿道分类　通过分析通州中心城区的景观资源现状，按照对通州进行的绿道规划。具体规划内容如下：

城市游憩型绿道：该类型绿道在城市中心区域有五条，总长度为13.7km。其中1号绿道总长度2.4km，穿过万达宝贝王乐园、音乐主题公园；2号绿道总长1.9km，沿途经过东1时区公园；3号绿道总计3.6km，沿途经过同心花园、静安寺、西海子公园、通州三教庙；4号绿道总计3.6km，沿运河西大街而建，沿途经过景春园、万春园，直达北运河；5号绿道总计2.2km，沿途经过梨园主题公园，靠近观音古寺，并与交通辅助型绿道衔接。

城市生活型绿道：该类型绿道主要分布在城市居住小区附近，建设共计4条生活型绿道，总长度为9.1km。其中1号生活型绿道总长1.9km，两侧为华兴园、新华联锦园、天时茗苑以及杨庄小区，并连接1号城市游憩型绿道。2号生活型绿道总长度1.8km，穿过格兰晴天小区，途经观音古寺，连接城市游憩型绿道和交通辅助型绿道。3号生活型绿道总长度3.2km，主要位于玉桥南里小区、梨园东里南区玫瑰园A区，并直达梨园主题公园。4号生活型绿道总长度2.2km，主要穿越滨江帝景小区，并直达北运河。

城市历史文化型绿道：该类型绿道主要体现通州中心城区的文化特色，该类型绿道有1条，总长度4.5km，建于玉带河西街，由于中仓区域有较多文化特色的景观，例如陶器制作、烧鲶鱼工艺等。因此在此区域建设一条文化型绿道，更能够丰富城市景观，体现城市的精神风貌。

城市交通辅助型绿道：该类型绿道共计3条，总长度为3.4km，主要位于交通繁忙处，由于这个区域为交通中心，交通更为复杂，容易出现拥堵环境。建设该类型绿道，有助于辅助交通，缓解交通压力。

城市生态型绿道：通州中心城区河流主要有通惠河和北运河，因此沿河建设生态型绿道，能够缓解城市热岛效应，同时还能够改善城市河流现象，保护河岸。该类型绿道1条，总长度为8km，衔接城市游憩型绿道、生活型绿道以及历史文化型绿道。

（三）近郊型绿道规划

近郊型绿道建设区域主要包括通州的永顺地区、梨园地区以及潞城镇和张家湾镇的一部分。根据北京市对通州区首都副中心的规划，也将该区域定位为通州重点发展区域（图4-13）。

从该区域的景观以及河流水系分析，流经该区域的河流主要有北运河、温榆河、中小河，从该区域的景点来看，在区域的东部具有更多的田园景点，例如葡萄采摘园、樱桃采摘园、草莓采摘园等。而沿河区域有众多森林公园，如运河森林公园（图4-14）。

图4-13　北京副中心规划图

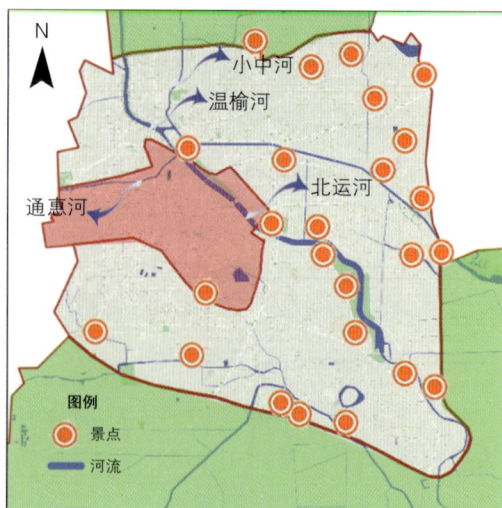

图4-14　通州近郊区河流、景点分析图

通过分析近郊区域的景观节点以及河流、农田绿地（图4-15），对当地的绿地进行简要分析，按照上述提出的绿道分类系统进行规划，具体规划如图4-16所示。

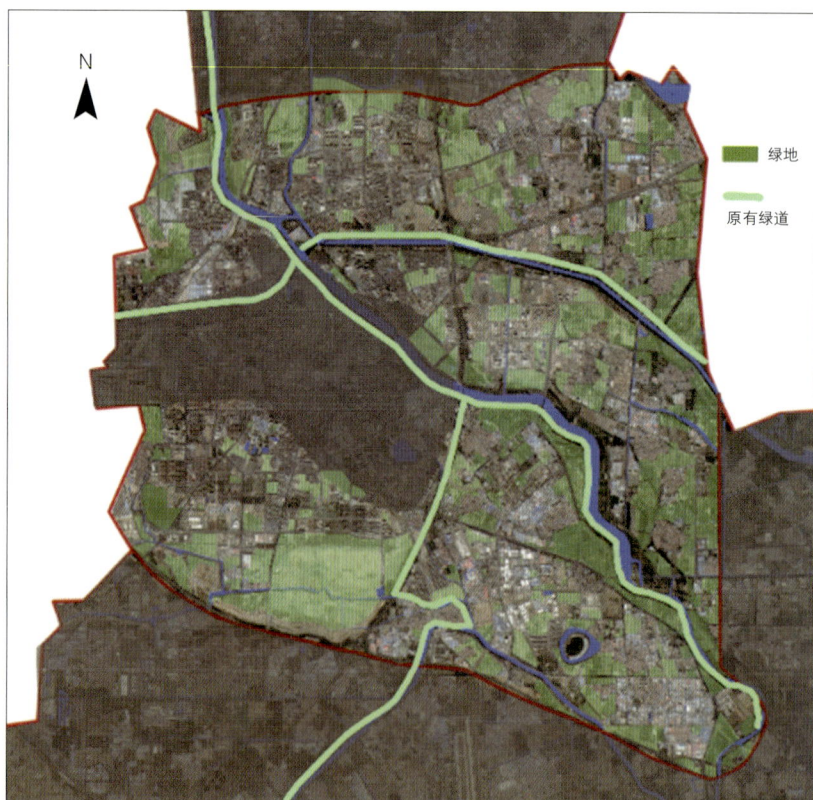

图4-15　近郊区绿地分布图

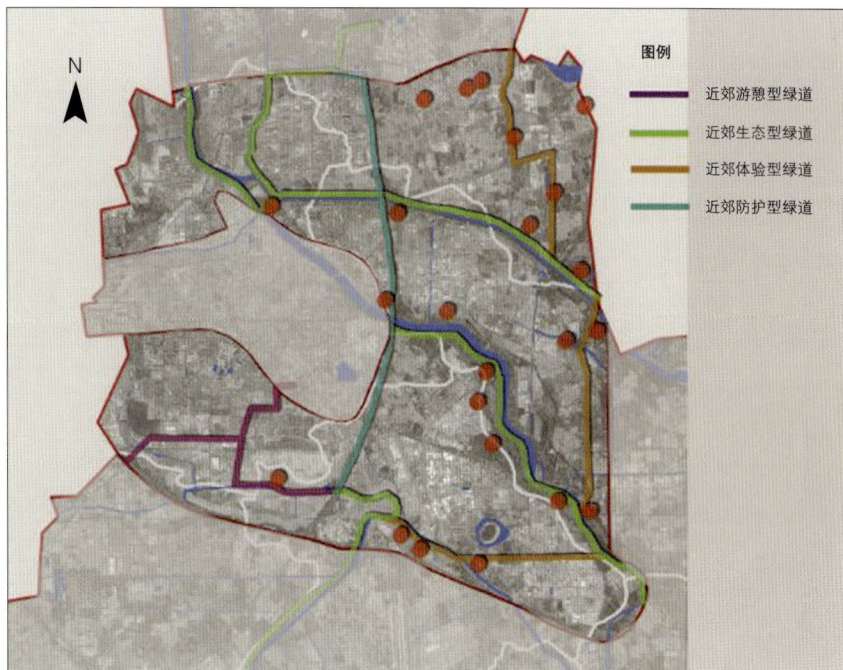

图4-16　近郊区绿道规划图

（1）**近郊游憩型绿道**　该类型绿道主要分布在梨园地区，根据通州总体规划要求，该区域主要以主题公园和文化型景观为主，因此在此区域建设游憩型绿道更加符合发展需求。由于该区域有一些文化型公园，可因地制宜采取文化与游憩结合的方式构建近郊游憩型绿道。该绿道全长10.7km，途经梨园主题公园、通州文化旅游区以及梨园田园公园。

（2）**近郊生态型绿道**　该区域绿道主要沿河而建，并且联系河岸周边的公园景区等，主要分布在温榆河、北运河、通惠河、中小河以及运潮减河。该类型绿道全长36.4km，途经众多沿河景点，诸如运河公园，森林公园等。

（3）**近郊体验型绿道**　该类型绿道位于通州西侧。由于该地区有众多的农田村落以及采摘园，例如樱桃采摘园、葡萄采摘园、草莓采摘园等，将这些园区通过绿道联系起来，一方面能够在骑行中体验田园风光，同时还能够体验田园采摘的乐趣。该类型绿道共计3条，全长35.5km。

（4）**近郊防护型绿道**　该类型绿道主要沿着六环路建设，从通州区的城区建设现状来看，六环以里多为城市发展区域，以外多为村落、农田，建设该类型绿道一方面可以防止城市无限扩张，一方面保护农田以及乡村用地。该类型绿道总长度为9.7km。

（四）郊野型绿道规划

前面已经对通州整个区域现状进行分析，该区域绿道主要可分为四种类型，分别为远郊游憩型绿道、远郊生态型绿道、远郊历史遗迹型绿道以及远郊经济型绿道。远郊区绿道规划如图4-17所示。

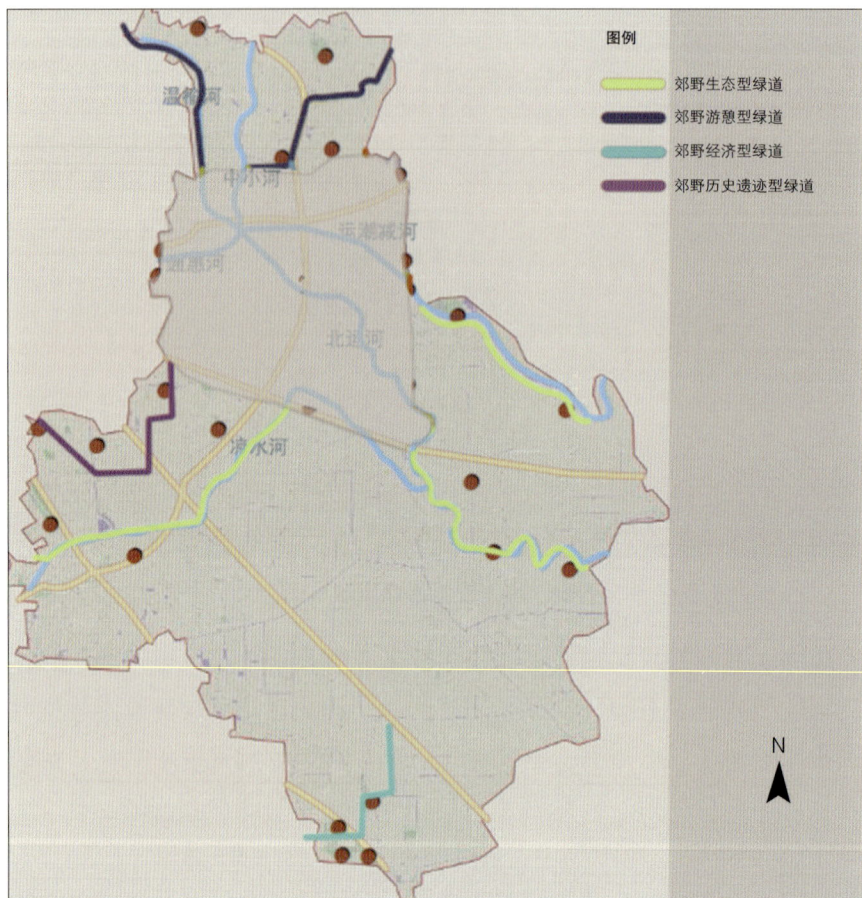

图4-17 远郊区绿道规划图

该区域绿道类型主要分为四种：

（1）郊野生态型绿道 该类型绿道延续近郊区的生态绿道，沿着北运河、运潮减河以及凉水河建设，共计3条绿道，全长35.6km。该类型绿道将城中心、城近郊区以及城远郊区联系起来，使通州区的景观能够通过绿道紧密联系结合。

（2）郊野历史遗迹型绿道 该类型绿道仅有1条，总长15.4km，位于通州东侧，由于该区域有萧太后遗址，同时与近郊区的文化游憩型绿道结合，体现文化的整体性。

（3）郊野经济型绿道 该类型绿道主要位于通州的北侧，与京津高速相连，总长8.8km。由于该区域聚集了大量高尔夫俱乐部，为生活质量较好的居民提供了一个高档次的休闲场所。该区域建设经济型绿道，一方面能够为这一部分人提供便利，另一方面能够提升区域的环境质量，同时能够带动周边经济发展。

（4）郊野游憩型绿道　该类型绿道位于通州的北侧，沿着温榆河、中小河建设，由于该区域具有较多森林公园以及体验点。该区域相对城中心较近，发展潜力大，也方便居民使用，因此将该区域作为休闲游憩绿道的建设场所。该类型绿道共计2条，总长度22.1km。

（五）通州区绿道建设优点

（1）建设方法　按照绿道分类系统建设绿道网络，有据可依，避免盲目建设，在一定绿道理论基础上对整个通州区进行规划整合，合理分析之后进行绿道分类，避免了绿道建设的随机性、随意性。

（2）建设过程　通过分区、分级的方式能够更好地发挥各个区域的资源，不会因为只考虑大层面的规划而忽视小的景观节点，同时能够充分认识并了解到不同区域的景观特色。例如，通过对通州进行绿道实践规划，能够更为清晰地看到不同区域的景观差异，使人们更加熟悉、了解一个地区的风土人情。

（3）建设形式　该绿道规划更具有全面性，不仅体现出多种不同功能类型的绿道，同时也充分发挥了当地特色，做到每一条绿道都独一无二，避免了绿道千篇一律，这对于使用者来说更增添了乐趣和新奇，使绿道的作用也能够更好地体现出来。

（4）建设影响　理论应用于实践，实践证明理论。通过分析研究大量绿道建设类文献，最终总结出一套完整的绿道分类系统，为了验证该分类系统的可行性，以通州区为例，根据该理论指导绿道规划。我们发现该理论在分类的形式、内容上都与实际情况相符，由此更进一步证明了理论的可行性。这对于后期各个区域的绿道规划起到重要的指导与示范作用。

第三节　通州区绿道设计案例

针对上述不同类型绿道的规划，选取部分线路进行典型性规划设计，选取类型为城市文化型绿道、城市生态型绿道以及近郊区体验型绿道三种类型绿道。重点针对这三种类型的绿道进行详细规划，根据通州实际情况进行典型性分析。

一、城市文化型绿道

选取位置为通州中仓区文化一条街，如图4-18所示。该街道为通州中仓区街道玉带河东街，该区域避开了交通繁杂区域，但又通行便利。该区域文化绿道主要用来体现通州文化特色，将具有通州代表性的文化通过该绿道体现出来。

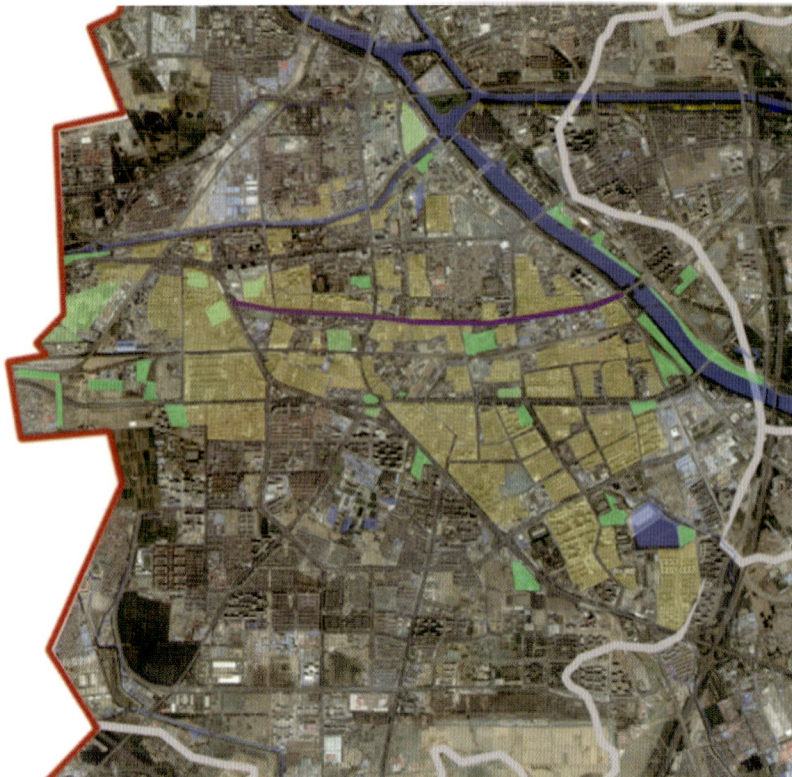

图4-18　城市文化型绿道选取位置图

（一）建设内容

1. 文化特色

具有通州地域特色的文化主要有运河文化、民间艺术（包括面塑"面人汤"传奇、风车文化、风筝制作工艺、剪纸文化、陶塑工艺等）。

2. 表现形式

通过浮雕、墙雕等展现通州运河文化的源远流长；设置工艺仿品、宣传册，以及手工制作模拟等向市民展示工艺制作流程以及制作文化；通过电子宣传板、文化工艺展示等将文化一条街打造成文化气息浓郁，具有代表性的标志。此外，通过改变绿道铺装类型，例如一些手工绘画等都可以作为路面的一种色彩展示，也是对文化的渲染。

3. 景观配置

文化作为一条街中的重点体现内容，其景观渲染尤为重要，因此在建设文化一条街时景观搭配必不可少，植物选择与搭配可以作为文化渲染的一种方式。植物尽可能选择乡土种，即可体现当地的风俗文化，也能体现当地的特色。垂柳、银杏、油松、刺槐、圆柏、杨树、紫薇、丁香、连翘、猬实、金银木、鸢尾、萱草以及草坪草等都可作为备选植物。

（二）现状分析

该道路为通州中心城区玉带河东街，东侧连接北运河，西侧直达G103国道，道路北侧以居住区为主，南侧以商业区为主。此道路交通较为通畅，因此将绿道建设在此道路一侧，更能够体现绿道特色。此道路较为宽广，两侧均有人行道，将文化型绿道建设在靠近商业区一侧，更有利于突出文化型绿道的主题特色（图4-19）。

图4-19　玉带河东街道路图

道路北侧以居住区为主，较为安静，车辆较少，两侧都有步行道，在该地段建设文化型绿道更有利于居民体验通州文化，避免交通繁杂对文化传播的影响。道路一侧有部分展示牌，这也为文化型绿道建设奠定基础。

（三）建设意向图

根据建设内容对该地段进行详细规划，意向图如图4-20所示。

图4-20　文化型绿道意向图

仿照上述形式，通过景墙等隔离道路或者居住区，并以浮雕的形式刻画通州运河文化等，同时设置小品、工艺品等展现通州特有的制作工艺，起到文化宣传的作用。通过考察也可以看出通州街道对于文化方面也有一定体现，例如设立了摆架放置陶瓷等工艺品，这也体现了通州的陶瓷文化。

在文化型绿道构建的过程中可以将通州文化以漏窗的形式展示，同时增设休息点，让绿道体验者静下心来欣赏通州文化（图4-21）。

图4-21　文化型绿道意向图

通过植物塑造景观，从植物层次、色彩以及季相变化方面营造绿道空间。从层次上来讲，上层主要选择较为高大的中乔。如榆树、臭椿、合欢、悬铃木、鹅掌楸、法桐、白杨、栾树、刺槐、国槐、垂柳、杨树、松柏、银杏等，中层为小乔，主要为彩叶树种，如碧桃、紫叶李、红枫、玉兰以及龙爪槐、馒头柳等；中下层主要为灌木类，如金银木、玫瑰、女贞、金钟、连翘、丁香、棣棠、猬实、锦带等；下层主要为草本花卉，如鸢尾、萱草、玉簪等。植物配置尽可能采用3~4层，运用四季植物，做到三季有景、四季常青。多层次植物配置一方面能够起到隔绝外界噪声和汽车尾气污染，另一方面还能够为行人提供优美的两侧景观，改善空间景观质量，缓解人们的身心疲惫。

二、城市生态型绿道

选择通州主城区中北运河一带作为示范点，城市生态型绿道建设着重关注河流的生态保护和生态修复，通过绿道建设起到改善河流环境，营造城市滨河小气候的作用。

（一）建设内容

1. 建设要点

重视对河流的生态保护和修复，同时注重滨河景观的营造，目的在于为城市居民提供更多的休闲游憩空间，根据人的亲水心理，营造更多滨水景观更有利于提升居民的幸福指数，改善居民生活质量。

2. 建设形式

首先，树种选择要注重实用，具有净化水体功能，不会因为落叶等影响水质状况，同时对河岸具有保持水土作用；其次，对河岸景观的营造应该注重为人服务，给居民提供良好的滨河游憩环境；最后，在建设过程中应该注重与交通道路的隔离，营造景观良好、免于干扰的滨河游憩带。

（二）现状分析

如图4-22所示，该段绿道沿北运河建设，途经运河森林公园，并连接城市游憩型绿道、城市历史文化型绿道。该绿道沿河景观较好，并且以自然驳岸为主，同时还有众多码头等休憩点，河岸有道路分布，河岸较宽，景色较为优美。

图4-22　城市生态型绿道区域图

从实地考察来看，河岸已经建设有步行廊道，并且环境较为优美，相应地段设置有运河文化休憩点，这为绿道建设打下基础，也降低了生态型绿道建设的难度（图4-23）。

图4-23　河岸实景图

（三）建设意向图

该类型绿道构建注重为城市居民提供游憩场所以及对河岸的保护，绿道建设应该充分考虑与机动车道的分离，尽可能采用坡堤式分离方式，增加植被缓冲带。滨河绿道构建要位于城市道路下方，这样能够起到防洪蓄洪的作用；在植物选择上，除了应注重植物造景之外，还应该选择对河流没有污染的植物（史自亮，2017）。驳岸设计如图4-24、4-25所示。

图4-24 驳岸绿化

图4-25 自然驳岸

　　河岸绿道对植物种植要求较为严格，要求选择对河流无污染，同时能够对河岸具有保护功能的树种。从当地调查来看，滨河景观植物配置形式较多以地被植物为主，缺乏上层景观树种，且植物种类较为单一，导致河岸两侧植物景观较为单调。因此，该地段绿道建设应注重植物造景，丰富植物种类，尽可能选择当地树种以及经过驯化的外来树种，以此丰富河岸景观。植物种类选择主要有：垂柳、水杉、枫杨、合欢、玉兰、银杏；中层可选择桃树、紫薇、紫叶李、海棠、紫荆等彩叶树种，下层景观主要为灌木层，包括女贞、锦带以及草花花卉植物和地被草，形成上、中、下三层空间景观，以此丰富河岸绿道两侧景观带。

三、近郊体验型绿道

（一）建设内容

　　田间绿道建设尽可能体现田间特色，选取当地道路形式铺装，同时在建设过程中减少对农田的侵占，且以自行车道为主。

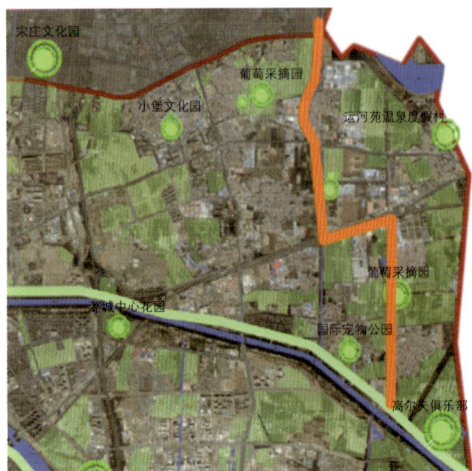

图4-26 近郊体验型绿道选线图

　　绿道周边设置电子展牌介绍采摘过程提醒注意事项，设置休息站点，出售采摘物品。还可以安排手工榨汁体验，将采摘的水果进行简易加工，丰富游客对田园乐趣的体验，放心食用无公害水果。

（二）建设现状

　　选址为通州近郊区域东部地区。该绿道连接了近郊生态型绿道以及郊野生态型绿道，串联了多个采摘园，包括草莓采摘园、樱桃采摘园、葡萄采摘园等，同时还连接了农家乐。既方便游客体验农家乐，也将对当地经济发展起到极大的带动作用（图4-26）。

（三）建设意向

从卫星地图上来看，区域穿过大面积采摘园、农田，因此将该类型绿道建设尽可能贴近乡土气息，铺装色彩、用料等尽可能贴近本土色彩，从而充分展现乡村特色。绿道道路类型选择要因地制宜，尽可能适用于当地风土，防止大肆占用农田，破坏土地（图4-27）。

图4-27　体验型绿道意向图

第五章
景区慢行道规划与设计

第一节　景区慢行道设计分析

一、景区慢行道功能特征分析

（一）优化空间 休闲游憩

随着社会的进步，公众的生态环境意识不断提高，越来越重视康体健身活动。尤其在大城市中，越来越多的人走出家门，到户外进行锻炼、游憩等休闲活动。景区内慢行道的主要功能就是为广大城市居民、游人提供免于机动车干扰的城市休闲游憩场所和运动健身空间，也为步行游览者和骑行游览者创造集舒适性、美观性于一体的慢行环境。

此外，景区慢行空间能够充分利用景区内部自然游憩景观资源，同时基于游人的慢行行为需求，设置丰富的慢行活动，如观景、散步、科普、慢跑、骑行、健身等，这些不同的休闲、游憩和游览功能是景区慢行道建设的主要目的。

（二）组织交通 引导游人

组织交通、指示导向是景区慢行道的基本功能之一。首先，慢行道本身就是景区中的主要游览道路，具有线性特征，且沿线分布着景区内不同的特色景观和资源，能够在横向和纵向上组织多条交通，同时慢行道中配套的导向标识系统，可以有效引导游人，使游人通行顺畅且有序。

（三）改善环境 科普宣传

慢行道路两侧植被带为景区特有生物提供生境的同时，也为游人游览提供观赏景观，同时乔灌草的合理搭配，有助于改善景区内部环境以及周边环境，为游人提供良好的休闲游憩体验。此外，景区慢行道中配套的标识系统对景区特色资源的介绍以及各类生态知识的科普都起着不可替代的作用。

二、景区慢行道设计要素分析

景区慢行道由慢行空间、慢行主体、慢行行为三部分构成，其中主要设计要素是慢行空间，而慢行空间的设计是受慢行主体类型以及不同慢行行为影响的。慢行空间是游人感知景区自然风光、文化底蕴、休闲游憩功能的重要媒介，是游人慢行活动的主要空间。通过归纳整理得出，慢行道的设计要素由四部分构成，分别是慢行道路、慢行景观、服务设施、标识系统。

（一）慢行道路

慢行道路是景区慢行空间的骨架，它为安全、便捷、舒适的慢行提供了基础，同时串起了景区内的所有景观节点，承担着景区内道路交通和衔接外部交通的重要功能，可分为行人步行的道路，自行车骑行、其他慢行工具行驶的道路，以及综合慢行道路三种类型。

步行道路是景区慢行路的主要类型，不仅具有交通功能，还可以承载各种游览参观活动。因此步行道路的规划设计需要具有连续可达性、行人安全性、景观美化性特征于一体。景区内的自行车骑行道路是为骑行爱好者和游人提供骑行体验的同时观赏美景的慢行道路，并非以交通、速度为目的。对于面积较大，游人游览全程时间较长、体力消耗较大的景区，建设自行车道慢行路是很有必要的。综合慢行道是步行、自行车或其他慢行交通如景区观光游览车等共同使用的道路，要考虑各种慢行活动的特征以及相互之间的影响，满足行人安全、慢行交通通畅、游憩活动舒适的基本要求。除此之外还要考虑特殊人群的使用需求，设置无障碍路段，保证特殊人群也可以进入景区内游览观光、放松身心。

（二）慢行景观

慢行景观能够改善游人慢行的条件，满足游人舒适慢行、休闲游憩的需求，主要为植物景观、亲水景观、节点设计三部分，具有季节、声、影等丰富的变化，使得游人慢行过程更具趣味性。

1. 植物景观

植物景观是指景区内的自然植被和人工植物配置共同构成的景观，注重色彩、芳香、声景、触感的营造。色彩方面主要是植物种类选择考虑季相变化，以及不同色彩搭配对游人视觉和心理的冲击效果；芳香植物的应用在景区中是必不可少的，有些芳香植物所散发的气味有舒缓神经、愉悦身心的效果，是景区生态康养的一大特色；声景的营造在景区内较为考究，由于景区内的声音来源繁杂，不仅要考虑到景区内动植物和自然界的风雨声等，还要考虑到游人游览中发出的声音。在不同区域进行合理的植物配置，营造出景区的独特声景，如雨打芭蕉的声音或风吹树叶沙沙作响的声音；植物触感的营造主要是利用不同种类植物的不同叶面，如革质叶片、光滑叶片、茸毛叶片等，通过不同的触感来丰富游人的植物触觉体验。总体来说，植物景观的营造在整个慢行空间中涉及游人的视觉、听觉、触觉、嗅觉四个方面的共同打造，至关重要（图5-1）。

图5-1　植物景观

2. 亲水景观

亲水景观是指由景区内水体以及人工亲水设施共同构成的景观，相关研究表明多数人都有亲水性，有自然流动水体的地方更能吸引游人。因此，在景区中往往会修建一些亲水平台、水上观景台、亲水栈道等设施来满足游人的亲水心理（图5-2）。

图5-2　亲水景观

（三）服务设施

慢行空间中的服务设施主要为功能性服务设施类型，如休憩亭廊、花架、座凳、垃圾桶、护栏、照明灯、健身器械、公共卫生间等。虽然体量较小，但这些功能设施大多都与游人直接接触，而景区又是相对独立的游览空间，所以设施的功能性直接影响游人个性化需求和对慢行空间游憩体验的满意度。

服务设施作为景区慢行空间建设实体要素之一，涉及类型众多。依据设施的不同使用功能进行分类，需要强调的是，不同类型之间，功能并非独立存在，大多数设施之间的功能属性是相互叠加，相互影响的（表5-1）。

表5-1　景区慢行空间服务设施分类

类别	设施	功能及特点
交通类	自行车停靠设施 交通阻隔、分流设施	辅助慢行空间交通组织、规范慢行行为
休闲游憩类	休憩座凳、座椅、亭子、廊架等	满足游憩者休息需求，点缀慢行空间
卫生类	垃圾桶、公共卫生间	维持慢行空间环境卫生，满足游客生理需求
照明类	路灯、照明灯	为夜间慢行者提供安全适宜的环境，同时提升环境氛围
安全类	护栏、栅栏	消除安全隐患，保证游人安全
休闲活动类	健身器材	为不同需求的游人提供更多选择，同时丰富空间多样性
无障碍设施	无障碍通道、专用设施	满足特殊群体需求，拓宽使用群体范围
其他设施	饮水点、音响设备、无线网络覆盖	提升慢行空间品质，满足现代社会人们的高层次需求

1. 交通类服务设施

交通类服务设施包括自行车存放处、自行车租赁处、道路阻隔或分流装置，以及地面铺装等辅助交通的配套设施。交通类服务设施在保证游人游览畅行的基础上，可通过艺术化的形态设计和科学合理的规划布局，一定程度上起到丰富慢行空间节奏的作用。

2. 休闲游憩类服务设施

慢行空间中的休闲游憩类服务设施包括休憩座凳、座椅、亭子、廊架、平台等，不仅是服务设施中休憩服务的重要物质实体部分，同样还属于慢行景观的一部分，起到呼应景观主题、融入自然环境、烘托环境氛围、提升空间活力、增进人们交流等重要作用。

3. 卫生类服务设施

卫生服务设施主要是指景区内的垃圾桶、公共卫生间等，是保持景区卫生环境解决游人生理需求的重要设施。景区卫生设施属于景区最基础的服务设施，但其外观和功能作用，尤其是公共卫生间能否满足老人、儿童和残疾人等特殊人群的服务需求，关系到慢行空间使用的便捷性和人性化设计，直接反映了其构建的整体质量。

4. 照明类服务设施

照明类服务设施是指慢行空间中的路灯、照明灯等。主要功能是为游人创造安全的夜行环境，方便人们进入景区欣赏夜间景色，同时还可以依靠灯光和环境设计使其与环境景色相呼应，营造空间环境氛围，以吸引游人。

5. 安全类服务设施

景区慢行空间安全类服务设施是指登山步道、山顶平台、滨水步道、滨水观景台等处的安全护栏和防护栅栏等，这类设施主要功能是为游人的慢行活动增加安全系数，在一些存在安全隐患的场所设置，防止意外的发生。

6. 休闲活动类服务设施

休闲活动类服务设施常见于城市公园等距离城区较近，慢行主体大多数为当地居民的景区。如一些简单的健身器械，满足居民休闲健身需求，促进人与人的交往。

7. 无障碍设施

慢行空间中的无障碍设施主要是考虑到老人、残疾人等特殊群体的使用需求。与活动力良好的成年人相比，特殊人群对活动空间的畅通性、安全性、舒适性要求更高。因此，景区中慢行道路某些区域的坡道设置、安全扶手、护栏、盲道等无障碍设施的设计是慢行空间品质的重要体现。

8. 其他设施

随着社会的进步，人们需求水平不断提高，许多景区在慢行空间中设置了饮水点、音响，实现无线网络的全覆盖，以此来吸引游人，提高游人体验。相信随着景区建设研究的不断深入发展，景区内更多的服务设施将会涌现，景区的建设质量也将大大提升。

（四）标识系统

景区标识系统分为形象类、指示导向类、信息类、警示类四种类型。各类景区自然资源、人文资源、历史文化不同，标识系统承担着介绍景区特色以及生态文化宣传、自然知识科普的功能，是联系景区和游人之间的重要纽带。

1. 形象类标识

形象类标识是景区文化、主题与特色的符号化，是最能直观体现景区特色的一类标识。如利用一些特殊的图形、文字、Logo等形式直观地展示景区的主题文化特色，可以对人们视觉产生冲击效果，增强人们对景区的初始印象。

2. 指示导向类标识

指示导向类标识的作用主要是为游人指示交通、指引游人游览，这类标识要求表达传递信息简洁明确，易于大部分游人理解。

3. 信息类标识

信息类标识一般是通过一些文字、图片或者互动娱乐的展览方式（如电子动态展示屏）来向游人介绍景区概况，是景区与游客之间信息沟通的重要纽带，如平面图、景点介绍牌、科普知识牌等。

4. 警示类标识

警示类标识是指景区内的警示或委婉的标语、图像，主要作用是提醒、警示游人。如禁止攀爬、水深危险等内容，帮助景区管理，规范游人行为。

第二节　景区慢行道评价

一、评价方法的选择

目前对于景区规划设计领域和游客体验等方面常用的评价方法主要有模糊综合评判、层次分析法、因子分析法等（李杨，2016）。鉴于景区慢行空间建设时准则不唯一，需要从生态保护、便捷游人、传承文化底蕴等多方面考虑，设计要素多样且要素类型为定性定量相结合，各个要素建设质量评判方法也具有多样复杂性，因此选择层次分析法（AHP），可以有效解决这一复杂问题，旨在利用多目标多准则的结构来解决这种繁杂的决策问题。

二、评价体系构建原则

（一）系统性原则

评价指标的选取相互之间应保持独立，但又要彼此联系（郭玉玲，2014），要能够反映景区慢行道各项建设要素和影响建设质量要素之间的关系，选取的指标要符合构建体系的最终目的，层次清晰，以形成完备的景区慢行道建设品质评价体系。

（二）定量和定性相结合的原则

定性指标通常用在难以做出定量评估的评判对象上，容易带有评估者的主观因素，且指标的区分度和可信度较差，难免会影响评估的客观性，而定量指标是将评判对象量化，可以准确数量定义或精确衡量，并在一定的评判标准下进行打分评价，客观性和可信度更高。因此，评价指标体系的制定将定量和定性指标相互结合，得出的结果将会更具有可信度。

（三）可操作性原则

在全面、客观选取景区慢行道建设品质评价指标的同时，我们也要注重指标的释义是否明确，是否易于理解，其中影响因子是否容易收集，是否易于进行量化计算。选取的评价指标要有可比性，要在相同的维度上体现其差异性并能进行进一步的评价。

三、评价体系构建与评级方法

（一）评价指标选取的方法

本研究中的景区慢行道建设品质评价指标的选取，主要通过文献研究以及专家问询两种方法。基于先前专家学者关于景区慢行道规划设计研究的文献，以及少量关于慢行道游憩景观、建设质量、使用评价相关的评价指标研究，从景区慢行道的现实情况出发，结合慢行道的构成要素，选出对慢行空间建设质量影响大，具有代表性、不可替代性的指标，进行评价体系初步框架的构建（李杨，2016）。之后利用专家问询的方法，对初步建立的指标体系进行筛选，去除获取难度大且影响程度小的指标，最终建立景区慢行空间建设品质评价指标体系。

（二）评价指标的标准值转换

定量指标是指具有明确计算方法的指标。定性指标是指无法用具体的计算方法和数据衡量的描述性指标。标准的内涵界定主要是通过查阅相关慢行道、绿道、绿色空间、公园建设标准等相关研究成果。同时对标准进行等级划分，分为优秀、良好、一般、差四个等级，赋值为10、7、5、3以便对景区整体评价分数的计算。

定量指标直接计算得出结果划分等级，定性指标通过问卷调查结合实地调研得出相应分数，再进行等级划分。

（三）指标权重的确定方法

由于在该评价体系内各个指标的重要程度不同，因此本研究利用层次分析法软件yaahp，导入构建的评价模型和专家打分情况表数据后进行处理得出每个指标具体的权重值，其中用到1~9标度法。

1表示两个指标重要程度相同，3表示稍微重要，5表示明显重要，7表示强烈重要，9表示极端重要，2、4、6、8，分别表示相邻判断的中值。

在得出权重值后还应进行一致性检验，利用公式：

$$CI=(\lambda_{max}-n) / (n-1) \tag{5.1}$$

计算得出一致性比率$CR=CI/R_1$，其中R_1数值可通过查阅表5-2获得，$CR \leqslant 0.1$时，即表示通过一致性检验（高鹏，2013）。

表5-2　一致性检验表

矩阵阶数	1	2	3	4	5	6	7	8	9	10
R_1	0	0	0.58	0.90	1.12	1.24	1.32	1.41	1.45	1.49

四、景区慢行空间建设品质评价指标体系构建

（一）景区慢行空间建设品质评价指标体系初步框架构建

本研究从上文所总结的景区慢行道构成要素和建设影响因素出发，依据指标评价体系构建的原则及方法进行构建。通过对国内外相关文献中影响因子的总结，参考各地案例和实地走访情况，挑选出对景区慢行空间建设品质影响程度较大的指标，最终建立了指标框架（表5-3）。

表5-3　慢行空间指标体系

总目标层	准则层	指标层
景区慢行空间建设品质评价	慢行路选线规划	慢行景点之间连通度
		慢行道可达性
		慢行道自身连续性
		历史遗迹（景观）保护
	慢行路设计	慢行路宽度适宜性
		慢行路坡度适宜性
		慢行路铺装适宜性
		无障碍坡道适宜性
	慢行景观设计	植物景观丰富度
		植物季相变化丰富度
		水体景观观赏性
	服务设施配置	照明设施合理性
		卫生设施合理性
		休憩设施合理性
		交通设施合理性
		无障碍设施合理性
	标识系统内容	标识导向性
		生态文化科普内容
		景区历史文化宣传内容

（二）评价指标体系校正

为使得构建的评价体系科学合理，向专家发放了咨询表，分.分征求专家对于初步构建的指标体系中每项指标的意见，对初选指标的相关性、重要性、获取的难易程度三项进行比较，数据见表5-4，从而进一步筛选，获得最终评价指标。

表5-4　指标校正

总目标层	准则层	指标层	与评价指标的相关性（0.3）	数据获取的难易程度（0.3）	指标的重要性（0.4）	算数平均值	加权平均值
景区慢行空间建设品质评价	慢行路选线规划	慢行景点之间连通度	2.6	2.5	2.7	2.6	2.6
		慢行道可达性	2.6	2.5	2.6	2.6	2.6
		慢行道自身连续性	2.2	1.9	2.1	2.1	2.1
		历史遗迹（景观）保护	2.2	1.7	1.9	1.9	1.9
	慢行路设计	慢行路宽度适宜性	2.6	2.4	2.3	2.4	2.4
		慢行路坡度适宜性	2.2	2.5	2.0	2.2	2.2
		慢行路铺装适宜性	2.0	2.2	1.7	1.9	1.9
		无障碍坡道适宜性	2.1	2.1	2.0	2.1	2.1
	慢行景观设计	植物景观丰富度	2.3	2.0	2.3	2.2	2.2
		植物季相变化丰富度	2.1	2.1	2.2	2.1	2.1
		水体景观观赏性	1.5	1.6	1.3	1.5	1.5
		照明设施合理性	2.2	2.5	2.0	2.2	2.2
	服务设施配置	卫生设施合理性	2.3	2.5	2.4	2.4	2.4
		休憩设施合理性	2.5	2.4	2.5	2.5	2.5
		交通设施合理性	2.1	2.5	2.2	2.3	2.3
		无障碍设施合理性	2.1	2.0	2.0	2.0	2.0
	标识系统内容	标识导向性	2.8	2.4	2.8	2.7	2.7
		生态文化科普内容	2.2	1.8	2.4	2.1	2.2
		景区历史文化宣传内容	2.0	2.0	1.7	1.9	1.9

专家意见集中于：有些评价指标获取难度较大，且相关性和重要性较低，如历史遗迹（景观）保护、慢行路铺装适宜性、水体景观观赏性、景区历史文化宣传内容，应适当选择。根据专家的意见，为保证评价体系的合理，指标重要性低于2.0，将算数平均数和加权平均值均低于2.0的指标进行删除，校正后评价指标共15个，最终确定评价指标体系见表5-5。

表5-5　最终评价指标体系

总目标层	准则层	指标层	指标性质
景区慢行空间建设品质评价	慢行路选线规划	慢行景点之间连通度	定量
		慢行道可达性	定性
		慢行道自身连续性	定量
	慢行路设计	慢行路宽度适宜性	定量
		慢行路坡度适宜性	定量
		无障碍坡道适宜性	定性
	慢行景观设计	植物景观丰富度	定性
		植物季相变化丰富度	定性
		照明设施合理性	定性
	服务设施配置	卫生设施合理性	定量
		休憩设施合理性	定量
		交通设施合理性	定性
		无障碍设施合理性	定性
	标识系统内容	标识导向性	定性
		生态文化科普内容	定性

（三）评价指标的内涵及评价标准的制定

1. 慢行景点之间的连通度

景区中的景点是分散且相对独立的存在，而慢行道的重要作用之一就是将景区内的各个景点串联起来，慢行景点之间的连通度通常是景区慢行道结构性建设的重要衡量指标。本研究参考生态学中的廊道连通度评判标准，将慢行景点之间的连通度进行量化分析，利用生态学中的廊道连通度公式计算连通度r，$r=[0,1]$。

$$r=L/\left[\,3\times(V-2)\,\right]\qquad(\,V\geqslant3,\ V\in N\,)\qquad(5.2)$$

式中：L为连接线数；V为结点个数；N为除零以外的自然数合集。

2. 慢行道可达性

指景区入口与城市交通系统的连接性和可进入性（景区入口设置合理性）。景区慢行道可达性是影响游人对慢行道使用感受的重要指标，良好的可达性可以吸引更多游人进入慢行道内休闲游憩。

3. 慢行道自身连续性

一定程度上，慢行网络复杂程度越高，回路越多，则连续性越好。参考廊道网络结构中的环度计算公式计算连续性a，$a=[0,1]$。

$$a=(L-V+1)/(2V-5) \qquad (V \geqslant 3, \ V \in N) \qquad （5.3）$$

式中：L 为连接线数；V 为结点个数；N 为除零以外的自然数合集。

4. 慢行路宽度适宜性

考虑使用便捷、满足游人需求和生态承载力三方面情况下慢行路宽度设计是否合理。其中，步行道路评价标准参考《公园设计规范 GB51192—2016》中对主路、次路、支路宽度的限定，骑行道和综合慢行道是根据各类景区不同情况给出的推荐宽度。

5. 慢行路坡度适宜性

指不同性质的慢行路坡度设置是否符合使用需求，且游人使用感受是否良好。

景区慢行路主要分为两大类：步行路、骑行路。其中对于步行路标准的制定主要是基于运动生理学上人体舒适性和运动能耗之间的关系，结合代谢当量（METs）和主观疲劳感觉（RPE）指数，提出的单位距离下的耗氧量范围。计算方法参考：

$$V_{O_2} = \begin{cases} 0.08+1.58G & 0 \leqslant G \leqslant 0.45 \\ 0.08+0.4G & -0.1 \leqslant G < 0 \\ 0.007-0.4G & -0.45 < G < -0.1 \end{cases} \qquad （5.4）$$

式中：G 为平均坡度。

骑行路的平均坡度评价标准设置主要基于不同坡度下骑行者是否感受到吃力的情况。相关研究显示平均坡度2%以下是略微能感知的坡度，骑行较轻松，2%~4%范围内骑行有一点吃力，4%~10%范围内比较吃力，10%以上的坡度将会明显感觉吃力（王道，2015）。据此设立两种慢行路坡度适宜性的评价标准。

由于运动个体间健康状况差异较大，可能会导致数据不同。因此，该标准是在不考虑个体差异的前提下，以身体健康状况良好的青壮年为参考对象制定的一般标准。

6. 无障碍坡道适宜性

指慢行路中是否考虑无障碍坡道设计，且坡道设计是否合理。该项指标为定性指标，主要通过实地调研结合游人使用感受来共同划分评价等级。

7. 植物景观丰富度

指慢行路两侧不同观赏类型的植物分布和景观效果，该项指标为定性指标。

8. 植物季相变化丰富程度

指植物在不同季节的景观特点和营造的不同空间氛围的丰富程度。该项指标为定性指标。

9. 照明设施合理性

指慢行路两侧路灯、慢行节点休憩设施处的照明灯、标识牌处的照明设施是否完备。

10. 卫生设施合理性

指卫生间间距、垃圾桶间距这些基础卫生设施设置是否合理。参考公园设计规范 GB51192—2016中对卫生设施的规范标准评价。

11. 休憩设施合理性

指慢行路中休憩座凳间距、慢行节点处休憩亭廊设施是否合理。参考公园设计规范 GB51192—2016中对休憩设施的规范标准评价。

12. 交通设施合理性

指慢行路中自行车租赁点、自行车停放点设置是否合理。景区类型不同，人流量不同，自行车停靠点间距略有差异。

13. 无障碍设施合理性

指慢行空间中特殊人群使用的无障碍设施，如无障碍厕所、无障碍停车位、无障碍出入口、盲文铭牌等设置是否合理。参考无障碍设计规范（GB50763—2012）和城市公用交通设施无障碍设计指南（GB33660—2017）进行评价。

14. 标识系统导向性

标识系统中的指示导向标识设置能否合理有效指示游人行为。

15. 生态文化科普内容

标识系统中的科普标识内容是否具有科普价值且科学准确、内容全面。

以上指标的评价标准见表5-6。

表5-6 指标评价标准

评价指标		等级划分			
		一级（好） 10分	二级（较好） 7分	三级（一般） 5分	四级（差） 3分
1.慢行景点之间的连通度		≥0.8	0.6~0.8	0.4~0.6	<0.4
2.慢行道可达性		景区入口与城市交通系统直接相连，且入口多方便进入	景区入口未与城市交通系统直接相连，且入口较多，较方便进入	景区入口与城市交通系统不直接相连，入口较少，造成不便	景区入口与城市交通系统不直接相连且入口太少，非常不便
3.慢行道自身连续性		≥0.8	0.6~0.8	0.4~0.6	<0.4
4.慢行路宽度适宜性	步行道	符合标准，宽度适宜满足游人需求	符合标准，基本满足通行需求	符合标准，景区人流量达到峰值时，通行受阻	不符合标准
	骑行道	4~5m	3~4m	2~3m	1~2m
	综合慢行路	5~6m	4~5m	3~4m	2~3m

（续）

评价指标		等级划分			
		一级（好） 10分	二级（较好） 7分	三级（一般） 5分	四级（差） 3分
5. 慢行路坡度适宜性	步行路	V_{O_2}范围11~13	V_{O_2}范围14~16	V_{O_2}范围17~19	$V_{O_2}>19$
	骑行路	平均坡度<2%	平均坡度：2%~4%	平均坡度：4%~10%	平均坡度：>10%
6. 无障碍坡道适宜性		无障碍坡道设计合理，且完全满足使用需求	无障碍坡道设计较合理，能满足大部分使用需求	无障碍坡道覆盖不全面，存在功能性缺陷	慢行空间内未考虑无障碍坡道设计
7. 植物景观丰富度		景观丰富，观赏性佳	景观较丰富，观赏性较好	景观丰富程度一般，观赏性一般	景观单一，观赏性差
8. 植物季相变化丰富程度		四季景色皆丰富美观	四季景色均较好	四季景色一般	四季景色较差
9. 照明设施合理性		慢行空间照明设施全覆盖，满足使用需求	慢行空间中大部分区域有照明设施，基本满足使用需求	慢行空间照明设施缺失，不能满足使用需求	慢行空间无照明设施
10. 卫生设施合理性		符合标准，且满足游人使用需求	符合标准，且基本满足游人使用需求	符合标准，景区人流量达到峰值时，使用受阻	不符合标准
11. 休憩设施合理性		符合标准，且满足游人使用需求	符合标准，且基本满足游人使用需求	符合标准，景区人流量达到峰值时，使用受阻	不符合标准
12. 交通设施合理性	自行车停靠点间距	3km	3~5km	5~10km	10~15km
	自行车租赁点设置	自行车租赁点设置数量和位置均合理	自行车租赁点设置数量和位置较为合理	自行车租赁点设置数量不够，但位置较合理	自行车租赁点设置数量不够且位置不合理
13. 无障碍设施合理性		景区各处无障碍设施齐全且满足使用需求	景区各处无障碍设施比较齐全，满足使用需求	景区各处无障碍设施均一般，并不能完全满足使用需求	景区各处无障碍设施缺失，完全不能满足使用需求
14. 标识导向性		指示导向标识设置合理，完全能起到指示游人行为的作用	指示导向标识设置较好，可基本做到指示游人行为	指示导向标识设置辐射区域不全，慢行路有些路段缺失	指示导向标识不能起到指示游人行为的作用
15. 生态文化科普内容		标识系统生态科普内容全面、科学准确，且科普价值很高	生态文化科普内容科普价值不高，但内容科学准确	生态文化科普内容一般，对景区生态文化宣传意义不大	生态文化科普内容较差，不能起到宣传景区生态文化和科普的功能

（四）指标权重的确定及一致性检验

将回收的专家问卷中的数据进行整理，利用yaahp软件进行权重计算，并对结果进行一致性检验。

CR为层次分析法中一致性检验比例，用来检验所构建的模型是否可用，计算方法如下：

$$CR = \frac{CI}{RI}$$

其中，$CI=(\lambda_{max}-n)/(n-1)$，$\lambda_{max}$为矩阵中的最大特征根，$\lambda_{max}=\frac{1}{n}\sum_{i=1}^{n}\frac{(AW)_i}{w_i}$（$n$为矩阵的阶数）；$RI$数值可通过查阅一致性检验表可得。

当$CR \leqslant 0.1$时，即表示通过一致性检验，即构建的模型矩阵所计算出来的各项数值具备真实可靠性。

当$CR > 0.1$，则未通过一致性检验，需要重新考量模型或重新构造判断矩阵。

1. 景区慢行空间建设品质（表5-7）

λ_{max}：5.0807，CR=0.0180，CR<0.1，一致性检验通过。

表5-7　慢行空间要素权重

景区慢行空间建设品质	慢行路选线规划	慢行路设计	慢行景观设计	服务设施配置	标识系统内容	权重
慢行路选线规划	1	0.3333	2	3	5	0.2389
慢行路设计	3	1	4	5	6	0.492
慢行景观设计	0.5	0.25	1	1	2	0.112
服务设施配置	0.3333	0.2	1	1	2	0.0994
标识系统内容	0.2	0.1667	0.5	0.5	1	0.0577

2. 慢行路选线规划（表5-8）

λ_{max}：3.0000，CR=0.0000，CR<0.1，一致性检验通过。

表5-8　选线指标权重

慢行路选线规划	慢行景点之间连通度	慢行道可达性	慢行道自身连续性	权重
慢行景点之间连通度	1	1	0.5	0.25
慢行道可达性	1	1	0.5	0.25
慢行道自身连续性	2	2	1	0.5

3. 慢行路设计（表5-9）

λ_{max}：3.0000，CR=0.0000，CR<0.1，一致性检验通过。

表5-9   慢行路指标权重

慢行路设计	慢行路宽度适宜性	慢行路坡度适宜性	无障碍坡道适宜性	权重
慢行路宽度适宜性	1	5	5	0.7143
慢行路坡度适宜性	0.2	1	1	0.1429
无障碍坡道适宜性	0.2	1	1	0.1429

4. 慢行景观设计（表5-10）

λ_{max}：2.0000，$CR=0.0000$，$CR<0.1$，一致性检验通过。

表5-10   慢行景观指标权重

慢行景观设计	植物景观丰富度	植物季相变化丰富度	权重
植物景观丰富度	1	3	0.75
植物季相变化丰富度	0.3333	1	0.25

5. 服务设施配置（表5-11）

λ_{max}：5.0799，$CR=0.0178$，$CR<0.1$，一致性检验通过。

表5-11   服务设施指标权重

服务设施配置	照明设施合理性	卫生设施合理性	休憩设施合理性	交通设施合理性	无障碍设施合理性	权重
照明设施合理性	1	0.5	0.3333	0.2	1	0.0759
卫生设施合理性	2	1	0.5	0.3333	2	0.1375
休憩设施合理性	3	2	1	0.3333	5	0.2411
交通设施合理性	5	3	3	1	7	0.4814
无障碍设施合理性	1	0.5	0.2	0.1429	1	0.0641

6. 标识系统内容（表5-12）

λ_{max}：2.0000，$CR=0.0000$，$CR<0.1$，一致性检验通过。

表5-12   标识系统指标权重

标识系统内容	标识导向性	生态文化科普内容	权重
标识导向性	1	0.25	0.2
生态文化科普内容	4	1	0.8

根据以上权重计算及一致性检验，得到最终的权重表（表5-13）：

表5-13   单项指标权重

准则层	指标层	权重值
慢行路选线规划	慢行景点之间连通度	0.0597
	慢行道可达性	0.0597
	慢行道自身连续性	0.1194

（续）

准则层	指标层	权重值
慢行路设计	慢行路宽度适宜性	0.3514
	慢行路坡度适宜性	0.0703
	无障碍坡道适宜性	0.0703
慢行景观设计	植物景观丰富度	0.0840
	植物季相变化丰富度	0.0280
服务设施配置	照明设施合理性	0.0075
	卫生设施合理性	0.0137
	休憩设施合理性	0.0240
	交通设施合理性	0.0478
	无障碍设施合理性	0.0064
标识系统内容	标识导向性	0.0115
	生态文化科普内容	0.0463

（五）最终评价等级的确定

参考其他绿色空间和游憩体验评价体系的方法，最终将景区慢行空间建设品质评价结果进行分等定级，其评价分值在[0,10]之间，具体标准见表5-14。

表5-14　评价等级标准

评价指标	综合指标值	评价等级
慢行空间建设品质优	≥7.5	Ⅰ
慢行空间建设品质较好	5~7.5	Ⅱ
慢行空间建设品质一般	2.5~5	Ⅲ
慢行空间建设品质差	<2.5	Ⅳ

自绿色、慢行概念引进我国以来，城市慢行空间建设进入了快速发展时期，而景区作为居民休闲游憩的重要场所，景区内的慢行空间建设尤为重要，但是目前有许多景区存在盲目建设的情况，没有对景区自身资源特质、游人需求等进行详细的调查分析，导致使用满意度较低，存在诸多问题。

从慢行空间的结构和功能角度出发建立景区慢行空间建设品质评价体系，由慢行景点之间连通度、慢行道可达性、慢行道自身连续性、慢行路宽度适宜性、慢行路坡度适宜性、无障碍坡道适宜性、植物景观丰富度、植物季相变化丰富度、照明设施合理性、休憩设施合理性、交通设施合理性、无障碍设施合理性、标识导向性、标识生态文化科普性15个指标构成，同时计算各项指标的权重值即重要性程度，为后续研究的深入提供参考。

第三节　北京市景区慢行空间建设质量评价

一、评价区选取

随着社会的发展、人们生活质量的提升、需求方式的转变，以及人们对健康知识的深入了解，越来越多的人意识到自行车作为一种低碳环保的出行和运动方式，可以为我们的生活和身体健康带来诸多益处。相关研究显示坚持进行中强度持续性有氧锻炼如步行、慢跑、骑行等，可以有效提高我们人体心肺系统的各项机能，同时对骨骼和肌肉的功能都有加强作用。许多景区在规划建设时也关注到这方面的需求，增加了生态步道、慢跑路、骑行路等丰富景区慢行道。

山岳类、湿地类、城市风景类景区是北京市景区数量较多的类型。现选取阳台山自然风景区（山岳类）、莲石湖湿地公园（湿地类）、东小口森林公园（城市风景类），对景区慢行空间进行质量评价。对三个公园的慢行道通过实地调研和问卷调查相结合，按选取的15个指标分别进行评价打分，最后赋权重值计算景区慢行道总分。

二、评价区概况

（一）阳台山自然风景区

1. 区位情况及主要使用人群分析

阳台山自然风景区位于海淀区西北部北安河乡境内，风景区总面积16km²，阳台山主峰海拔1276m，是西北部京郊观赏日出的好去处（图5-3）。景区主要游憩活动为登山，适宜人群为中青年，儿童和老年人进入景区进行登山活动的较少，少部分儿童和老年人进入景区也普遍集中在山脚下的健身步道区域游览活动。

2. 自然资源概况

阳台山自然风景区属山地型景区，以妙峰山古香道为登山主线，南邻鹫峰，北依七王坟。整个景区内植物种类丰富，植被覆盖率较高、生长情况良好，其中古树名木数量约占整个海淀区的一半以上。

风景区内主要树种为五角枫、国槐、杨树、元宝枫、紫叶李、银杏等，景区内有一个金山寺。自古以来寺内相传有三绝。第一绝为银杏林，银杏作为十分有价值的可入药植物，一直以来深受人们喜爱；第二绝为金山泉，相传这里的泉水质量非常好，微量元素含量高；第三绝为关帝爷，金山寺内有关帝爷的塑像，十分传神逼真。景区内还有一个月潭湖可供游人垂钓，是人们登山健身、休闲度假的好地方。

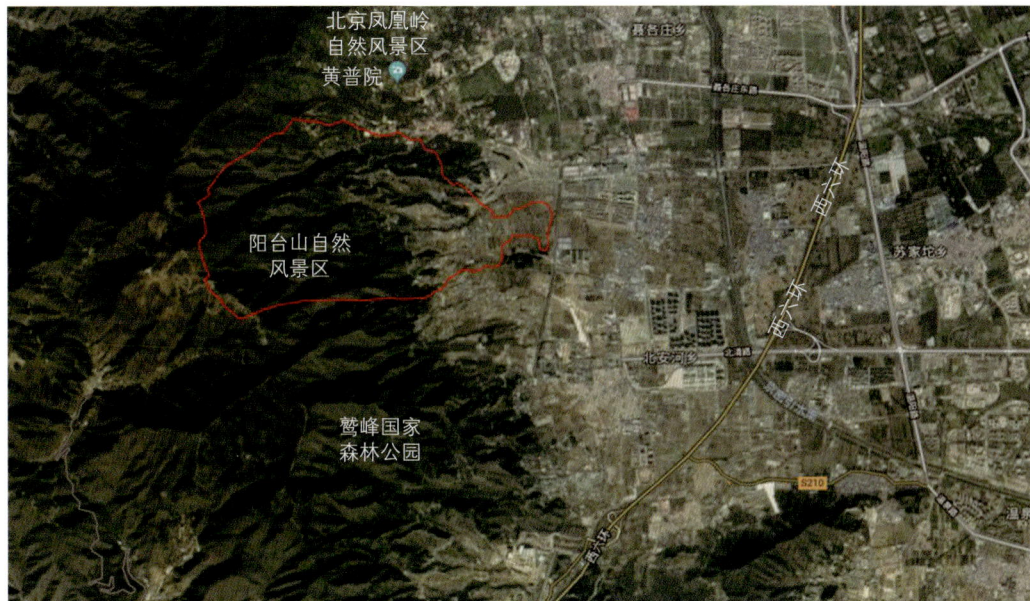

图5-3　阳台山自然风景区区位图

3. 人文资源概况

阳台山景区历史悠久，文化底蕴深厚，流传至今有四大人文景点。

第一个是金山寺，其开始建造的年代至今未查明，相传金山寺内泉水质量特别好，金代金水院就建于此地。第二个是正在重建的金仙庵，传说金仙是清代慈禧的表妹。第三个是香水院，即妙高峰法云寺，俗称七王坟。它位于七王墓的后边，坟墓的主人是清朝道光皇帝的第七个儿子。据了解醇亲王坟（俗称七王坟）和孚郡王坟（俗称九王坟）是除十三陵外，等级最高、保存最好的清代陵墓。第四个是清水院，现在称作大觉寺，寺院坐西朝东，体现了契丹人尊日东向的习俗。

（二）莲石湖湿地公园

1. 区位情况及主要使用人群分析

莲石湖湿地公园位于石景山区，原址为永定河的河滩，公园总面积226hm²，其中水面102hm²，绿化面积为110hm²，配套基础设施为14hm²（图5-4）。公园内整体地势平坦开阔，湿地景观风貌较好，使用人群以附近居民为主，老中幼皆宜。

2. 自然资源概况

湿地公园植被覆盖率大约45%，以栽培植物为主，其中蔷薇科植物栽种最多。公园内的主要湿地类型为湖泊湿地，以开阔水面为主，公园北部的水面较其他地方的水面略窄，湖岸的整体植被情况良好，有几个湖心岛，但没有泥滩地。整体类型较为单一，但公园水质情况良好，水生植物种类繁多，还有许多湿地鸟类。

3. 人文资源概况

莲石湖原为永定河的一段，即永定河石景山段，位于麻峪至京原铁路桥，上接

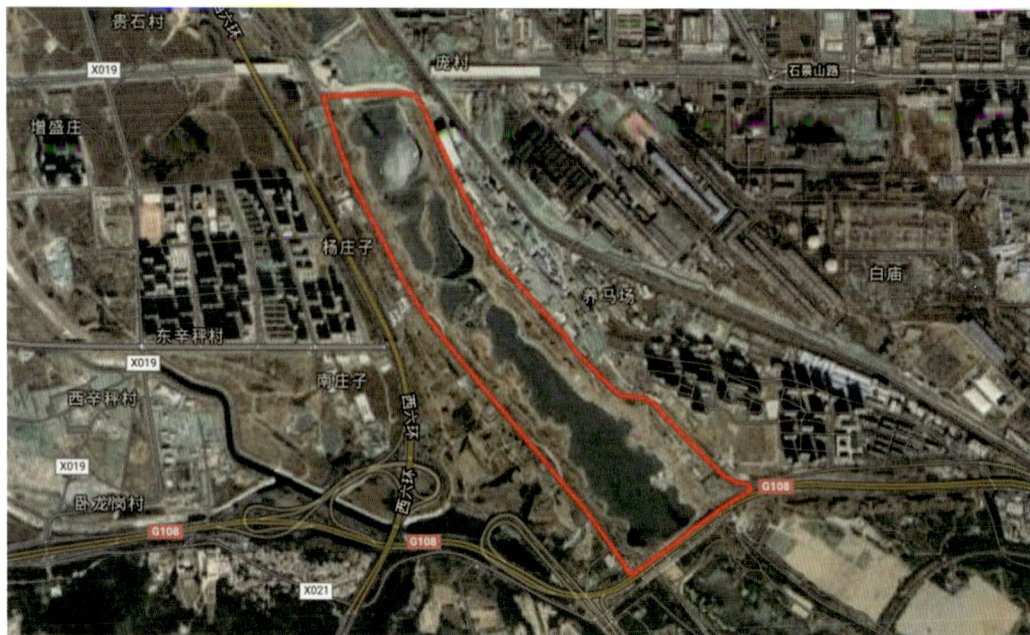

图5-4　莲石湖湿地公园区位图

门城湖，下接园博湖，湖泊水面长3.40km，水面积约106hm²，相当于昆明湖的水面积。永定河是北京的母亲河，自古以来就是各个朝代的引水首选之河，也是北京重要的防洪地带，孕育了深厚的文化底蕴和独特的人文文化。景区主要传承永定河的引水、防洪、治水的文化，向更多的人们展示水资源的生态文化。

（三）东小口森林公园

1. 区位情况及主要使用人群分析

东小口森林公园位于昌平区东小口镇，在天通苑和回龙观两大社区之间，与奥林匹克森林公园相距不足1km，公园总面积2299亩（图5-5）。森林公园整体地势平坦，植物种类繁多，且绿化覆盖率较高，是城市高楼林立的社区之间的一座天然氧吧，是居民休闲散步的好去处，使用人群以附近居民为主，老中幼皆宜。

2. 自然资源概况

目前，森林公园内主要树种为银杏、白杨、白蜡、紫叶李、旱柳、元宝枫、金叶国槐、圆柏、华山松、栾树等。公园内景观类型较为单一，东门口处有一处浅滩湿地，春夏季游人较多，但公园出于安全考虑对水面区域用铁丝网进行了围挡，景观效果较差。此外，在公园东部和南部边界附近，可以清晰地看到位于东南方的高层居民楼。

3. 人文资源概况

东小口森林公园是北京市第一批建设的郊野公园之一，公园文化底蕴主要为郊野公园的文化理念和森林公园生态康体文化理念，从而打造休闲城市绿色空间。

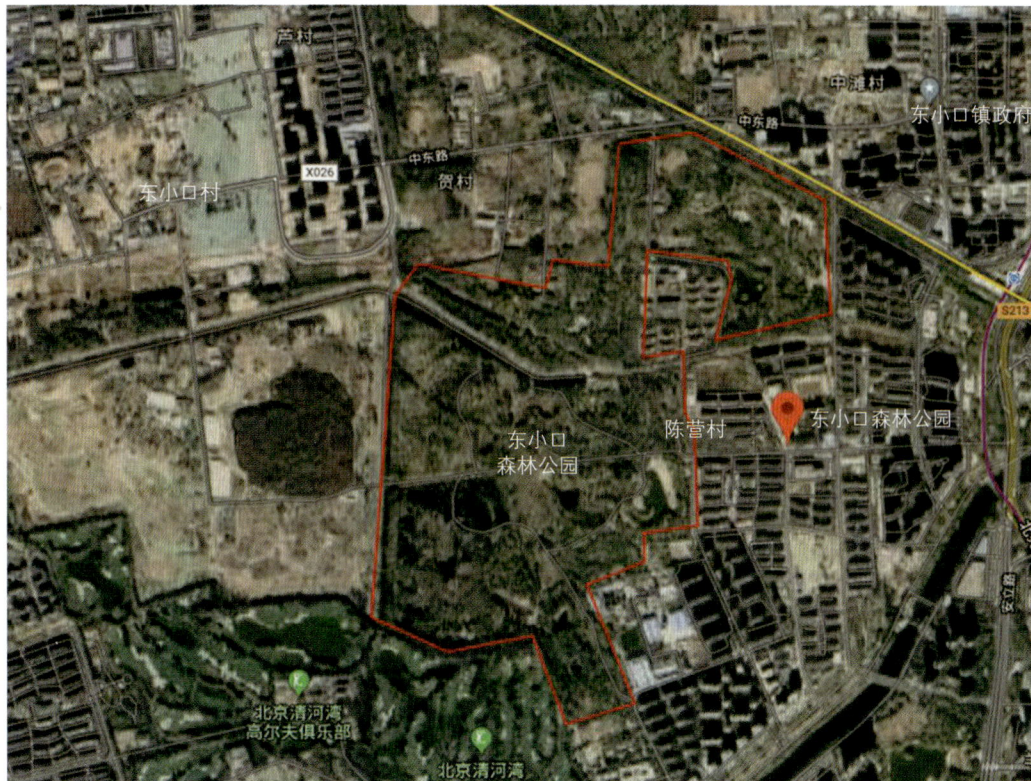

图5-5　东小口森林公园区位图

三、单项指标评价打分方法

　　指标的评分采用定性评价和定量评价两种方法相结合的方式进行，15个评价指标中，慢行道可达性、植物景观丰富度、植物季相景观变化丰富度、照明设施合理性、卫生设施合理性、休憩设施合理性、标识导向性、生态文化科普内容共8个指标，通过调查问卷的方式获得，剩余指标打分情况通过定量计算方式获得。调查问卷发放份数参考最小样本量计算法，在置信水平95%，允许误差0.1范围内，最小样本容量为107人，故此，共发放问卷120份。其中，回收问卷中有效问卷为阳台山自然风景区115份，莲石湖湿地公园110份，东小口森林公园112份，均大于最小样本容量。

四、单项指标评价结果

　　各项指标得分算法：

　　（1）慢行景点之间连通度　通过实地调研结合三个景区在谷歌地球上的卫星影像图（2017年）以及景区平面图等资料，利用公式：

$$\gamma = L / \left[3 \times (V-2) \right] \qquad (V \geqslant 3, \ V \in N)$$

计算得出各个景区景点之间的连通度数值，将分数标准化后计算最终加权得分。

（2）慢行道可达性　通过实地调研，结合问卷调查中游人对公园慢行道使用感受打分，将分数标准化后计算最终加权得分。

（3）慢行道自身连续性　通过实地调研结合三个景区在谷歌地图上的卫星影像图（2017年）以及景区平面图等资料，利用公式：

$$a=(L-V+1)/(2V-5) \quad (V \geqslant 3, V \in N)$$

计算得出慢行道自身连续性数值，将分数标准化后计算最终加权得分。

（4）慢行路宽度适宜性　通过实地调研，分别对三个景区的所有类型慢行路进行宽度测量，按照上文中的方法进行等级划定，分值标准化处理。

（5）慢行路坡度适宜性　通过谷歌地图上三个景区的高程信息，分别计算景区中步行路和骑行路的坡度，求取平均值，按照标准进行打分。

（6）无障碍坡道适宜性　通过实地调研，对景区内所有步行路上的无障碍坡道的建设情况进行记录分析，登山、骑行、慢跑均不计算在内，只针对残障人士可使用路段内建设情况按照标准进行打分。

（7）植物景观丰富度　通过问卷调查打分数据获得，之后进行标准化处理。

（8）植物季相变化丰富度　通过实地调研，记录景区植物配置构成，结合植物季相变化特性，即景观丰富度问卷调查结果，求取各项平均值，之后进行标准化处理。

（9）照明设施合理性　通过问卷调查打分数据获得，之后进行标准化处理。

（10）卫生设施合理性　此项包含景区内卫生间、垃圾桶两部分，通过问卷调查打分数据获得，之后进行标准化处理。

（11）休憩设施合理性　此项包含景区内的座椅座凳、休憩亭廊两部分，通过问卷调查打分数据中获得，之后进行标准化处理。

（12）交通设施合理性　此项包含景区机动车停靠点和非机动车停靠点、自行车租赁点设置，通过实地调研，结合游人使用感受打分，之后进行标准化处理。

（13）无障碍设施合理性　通过实地调研结合调查问卷打分情况，之后进行标准化处理。

（14）标识导向性　针对景区标识系统中的指示导向类标识，通过实地调研结合调查问卷打分情况，之后进行标准化处理。

（15）生态文化科普内容　针对景区标识系统中的信息类标识中的科普内容，通过实地调研结合游人问卷调查的打分情况，之后进行标准化处理。

三个景区各单项指标得分情况见表5-15至表5-17。

表5-15 阳台山自然风景区单项指标得分情况

指 标	得分	标准化	权重	加权得分
慢行景点之间连通度	0.1	3	0.0597	0.1791
慢行道可达性	6.1	5	0.0597	0.2985
慢行道自身连续性	0.1	3	0.1194	0.3582
慢行路宽度适宜性	5.1	5	0.3514	1.7570
慢行路坡度适宜性	2.7	3	0.0703	0.2109
无障碍坡道适宜性	3.0	5	0.0703	0.3515
植物景观丰富度	6.2	7	0.0840	0.5880
植物季相变化丰富度	4.5	5	0.0280	0.140
照明设施合理性	5.0	5	0.0075	0.0375
卫生设施合理性	4.2	5	0.0137	0.0685
休憩设施合理性	4.7	5	0.0240	0.1200
交通设施合理性	4.2	5	0.0478	0.2390
无障碍设施合理性	4.8	5	0.0064	0.0320
标识导向性	4.8	5	0.0115	0.0575
生态文化科普内容	4.4	5	0.0462	0.2310
总计				4.6687

表5-16 莲石湖湿地公园单项指标得分情况

指 标	得分	标准化	权重	加权得分
慢行景点之间连通度	0.3	3	0.0597	0.1791
慢行道可达性	7.5	7	0.0597	0.4179
慢行道自身连续性	0.1	3	0.1194	0.3582
慢行路宽度适宜性	5.6	5	0.3514	1.7570
慢行路坡度适宜性	6.8	7	0.0703	0.4921
无障碍坡道适宜性	6.5	7	0.0703	0.3515
植物景观丰富度	7.6	7	0.0840	0.5880
植物季相变化丰富度	5.6	5	0.0280	0.1400
照明设施合理性	4.6	5	0.0075	0.0375
卫生设施合理性	4.3	5	0.0137	0.0685
休憩设施合理性	6.9	7	0.0240	0.1680
交通设施合理性	6.1	7	0.0478	0.3346
无障碍设施合理性	7.2	7	0.0064	0.0448
标识导向性	6.5	7	0.0115	0.0805
生态文化科普内容	5.0	5	0.0462	0.2310
总计				5.2487

表5-17　东小口森林公园单项指标得分情况

指　标	得分	标准化	权重	加权得分
慢行景点之间连通度	0.6	7	0.0597	0.4179
慢行道可达性	7.3	7	0.0597	0.4179
慢行道自身连续性	0.4	5	0.1194	0.5970
慢行路宽度适宜性	6.1	7	0.3514	2.4598
慢行路坡度适宜性	7.0	7	0.0703	0.4921
无障碍坡道适宜性	5.3	5	0.0703	0.3515
植物景观丰富度	7.3	7	0.0840	0.5880
植物季相变化丰富度	6.2	7	0.0280	0.1960
照明设施合理性	4.7	5	0.0075	0.0375
卫生设施合理性	4.6	5	0.0137	0.0685
休憩设施合理性	6.1	7	0.0240	0.1680
交通设施合理性	5.0	5	0.0478	0.2390
无障碍设施合理性	6.9	7	0.0064	0.0448
标识导向性	5.0	5	0.0115	0.0575
生态文化科普内容	6.7	7	0.0462	0.3234
总计				6.4589

五、最终评价定级

阳台山自然风景区慢行空间建设质量评价结果为4.6687，评价等级为Ⅲ级，即一般。莲石湖湿地公园慢行空间建设质量评价结果为5.2487，评价等级为Ⅱ级，即较好。东小口森林公园慢行空间建设质量评价结果为6.4589，评价等级为Ⅱ级，即较好。虽然三个景区慢行空间建设基本满足使用需求，但均存在较大的改进空间。因此，下文中对三个景区慢行空间五个构成部分存在的问题做具体分析总结，并提出相应改进方向。

表5-18　景区评价等级

景区名称	得分情况	等级划分
阳台山自然风景区	4.6687	Ⅲ
莲石湖湿地公园	5.2487	Ⅱ
东小口森林公园	6.4589	Ⅱ

六、评价结果比较

根据以上单项评分的结果，计算慢行空间各项构成要素的最终评分，并对三个景区的各项指标建设进行比较分析和问题总结。

（一）慢行路选线规划

由表5-19可见，三个景区慢行路选线规划总得分中，东小口森林公园得分最高1.4328，莲石湖湿地公园次之，为0.9552，阳台山自然风景区最差，为0.8358。

表5-19　选线指标得分对比

评价内容	指　标	阳台山自然风景区	莲石湖湿地公园	东小口森林公园
慢行路选线规划	慢行景点之间连通度	0.1791	0.1791	0.4179
	慢行道可达性	0.2985	0.4179	0.4179
	慢行道自身连续性	0.3582	0.3582	0.5970
总　计		0.8358	0.9552	1.4328

具体来看，阳台山自然风景区和莲石湖湿地公园慢行景点连通度、慢行道自身连续性均较低，东小口森林公园景点连通度、慢行道自身连续性分值转换等级一般。从慢行道可达性来看，莲石湖湿地公园和东小口森林公园都较好，而阳台山自然风景区一般。三个景区在慢行路选线规划中存在的问题如下：

阳台山景区共有景观节点21处，目前慢行道路体系由一条登山主路和几条登山次路构成，但由于年久失修和其他自然因素影响，导致许多登山次路存在安全隐患处于封闭状态，景点间选线单一，道路体系简单。景区共3个入口分别为东门、西门、北门，但都较偏僻隐蔽，与城市交通系统连通度不高。

莲石湖公园为带状公园，景观节点共19个，公园整体被莲石湖贯穿，慢行路成环，但不成网，缺乏亲水体验。

东小口森林公园景观节点共16个，公园整体慢行路连通情况较好，公园未规划设计有骑行路线，游人在步行路上骑行游览的现象频繁发生，造成游览无序混乱且存在安全隐患。

除此之外，由于景区内某些区域线路规划不太合理，三个景区均出现多处人为踩踏产生的非规划线路（图5-6至图5-8），因此建议重新勘察改进线路设计。

图5-6　阳台山景区人为踩踏
非规划道路

图5-7　莲石湖公园人为踩踏非规划道路

图5-8　东小口公园人为踩踏非规划道路

（二）慢行路设计

由表5-20可见，三个景区慢行路设计总得分中，东小口森林公园得分最高，为3.3034；莲石湖湿地公园次之，为2.7412；阳台山自然风景区最低，为2.3194。

表5-20　慢行路指标得分对比

评价内容	指　标	阳台山自然风景区	莲石湖湿地公园	东小口森林公园
慢行路设计	慢行路宽度适宜性	1.7570	1.7570	2.4598
	慢行路坡度适宜性	0.2109	0.4921	0.4921
	无障碍坡道适宜性	0.3515	0.4921	0.3515
总　计		2.3194	2.7412	3.3034

具体来看，阳台山自然风景区和莲石湖湿地公园慢行路的宽度适宜性一般，东小口森林公园慢行路宽度适宜性较好，阳台山自然风景区慢行路坡度适宜性较差，而莲石湖湿地公园和东小口森林公园慢行路坡度适宜性较好。三个景区在慢行路设计中存在的问题如下：

阳台山景区多处登山路段宽度较窄，游客量增大时，许多路段会出现拥挤现象，同时存在安全隐患，且登山路坡度较大，虽采用登山石阶方式，但对年纪稍大、体力较差的游人来说登山路段仍较为吃力。

莲石湖湿地公园骑行路存在两处坡度设置不合理，坡度太大，造成骑行吃力。

公园慢跑路与骑行路几乎重合，但由于道路宽度限制，并未设置植物隔离或道路铺装颜色区分来进行人车分离，经常出现骑行者、步行者、慢跑者相遇时相互避让而影响游览。

东小口森林公园主路、次路宽度和坡度适宜性情况基本较好，但部分次路宽度设置较窄，游人量增大时会出现拥堵现象，因此道路两侧草坪践踏情况严重，出现非规划人为踩踏路线。

三个景区虽都注意到无障碍坡道的建设，但部分区域仍缺乏无障碍坡道，应尽量考虑不同游人的使用需求，在必要区域增设无障碍坡道，体现更为人性化的慢行空间设计。

（三）慢行景观设计

由表5-21可见，三个景区慢行景观设计得分中，阳台山自然风景区和莲石湖湿地公园得分相同为0.728，东小口森林公园为0.784。

表5-21　慢行景观指标得分对比

评价内容	指标	阳台山自然风景区	莲石湖湿地公园	东小口森林公园
慢行景观设计	植物景观丰富度	0.588	0.588	0.588
	植物季相变化丰富度	0.140	0.140	0.196
	总计	0.728	0.728	0.784

具体来看，三个景区植物景观丰富度得分情况均较好，而在植物季相变化丰富度指标上，阳台山自然风景区和莲石湖湿地公园打分情况为一般，东小口森林公园较好。虽然三个景区慢行景观情况基本良好，但仍在部分区域的植物种类选择和种植方式搭配上存在一些问题。

阳台山景区植物资源本底较好，植物种类丰富、森林覆盖率高，但慢行景观以观叶植物为主，缺乏观花、观果植物，且常绿、季相树种较少，导致秋冬两季景观单一。

莲石湖湿地公园部分骑行路段两侧种植大量四季秋海棠和北美海棠，虽具有一定观赏性但距离路面太近，海棠果成熟后经常掉落在骑行路上，存在骑行安全隐患，且公园季相景观较差，水生观赏植物种类单一，观赏性稍差，慢行景观多为单一乔木树种搭配，缺少灌木和草本植物来丰富植物配置形式。

东小口森林公园整体慢行景观较好，但公园内部水体景观较差，水质较差，水面上漂浮的生活垃圾严重影响了公园的亲水性，降低了亲水景观的品质。部分区域树种搭配不合理，多为分支点高的乔木树种，缺少灌草植物搭配，景观美感较差，公园内观花植物多种植在紧邻慢行路两旁，部分游人反映春季会出现花粉过敏现象，影响游览体验。

图5-9　阳台山自然风景区慢行路景观现状

图5-10　莲石湖湿地公园慢行路景观现状

图5-11　东小口森林公园慢行路景观现状

（四）服务设施配置

由表5-22可见，对三个景区服务设施配置的打分结果：莲石湖湿地公园最高，为0.6534，东小口森林公园次之，为0.5578；阳台山自然风景区最差，为0.4970。

综合来看，三个景区服务设施配置情况基本较好。除照明设施普遍一般，多处存在照明设施缺失损坏现象；卫生间间距和垃圾桶数量均符合规范；在无障碍设施方面，三个景区均有所考虑，但得分情况一般，主要是由于其无障碍设施并没有得到良好的维护导致使用不便。

而在休憩设施和交通设施设置上三个景区所出现的问题有所区别：

阳台山自然景区休憩节点较少，导致游人在慢行路上休息时影响其他游人通行（图5-12），其他两个景区休憩节点设置较合理符合使用需求。

交通设施设置上，阳台山景区除正门设有停车场外，其他两个次入口均未设置停车场，造成许多游客开车到达南门和西门以后，停车困难。东小口森林公园本身未设计有骑行路和自行车停放点，但在没有限制游人骑行进入的前提下，许多骑行者在游览过程中随意停放自行车，造成游览处于无序混乱的状态（图5-13）。

表5-22　服务设施指标得分对比

评价内容	指　标	阳台山自然风景区	莲石湖湿地公园	东小口森林公园
服务设施配置	照明设施合理性	0.0375	0.0375	0.0375
	卫生设施合理性	0.0685	0.0685	0.0685
	休憩设施合理性	0.1200	0.1680	0.1680
	交通设施合理性	0.2390	0.3346	0.2390
	无障碍设施合理性	0.0320	0.0448	0.0448
总　计		0.4970	0.6534	0.5578

图5-12　阳台山景区缺少休憩设施

图5-13　东小口公园缺少交通设施

（五）标识系统内容

由表5-23可见，三个景区标识系统的计算结果为东小口森林公园最高，为0.3809；莲石湖湿地公园次之，为0.3115；阳台山自然风景区最差，为0.2885。

具体来看莲石湖湿地公园的标识导向性较好，而阳台山自然风景区和东小口森林公园标识导向性得分一般。在标识科普内容上，阳台山景区和东小口森林公园较好，莲石湖湿地公园一般（图5-14至图5-20）。

阳台山景区部分区域指示标识间距太大，岔路口处不能起到引导游览的作用。

在标识科普内容上，阳台山自然风景区每个景点处均有景点文化科普介绍，但缺少森林、植物等科普知识的宣传，可增加相关森林生态文化知识宣传，丰富标识系统内容，提升景区科普文化功能性。

莲石湖湿地公园对莲石湖文化宣传较少，且缺少湿地植物、湿地动物等湿地科普知识宣传。

东小口森林公园基本做到了所有植物挂牌科普，但在宣传森林生态文化知识上还比较欠缺。

表5-23　标识系统得分对比

评价内容	指　标	阳台山自然风景区	莲石湖湿地公园	东小口森林公园
标识系统内容	标识导向性	0.0575	0.0805	0.0575
	生态文化科普内容	0.2310	0.2310	0.3234
总　计		0.2885	0.3115	0.3809

图5-14　阳台山景点介绍标识牌

图5-15　阳台山指示导向标识牌

图5-16　莲石湖公园景点介绍标识牌

图5-17　莲石湖公园指示导向标识牌

图5-18　东小口公园指示导向标识

图5-19　东小口公园景点介绍标识

图5-20　东小口公园植物科普标识

阳台山自然风景区评价总得分为4.7739，评价等级为Ⅲ级；莲石湖湿地公园评价总得分为5.2487，评价等级为Ⅱ级；东小口森林公园评价总得分为6.4589，评价等级为Ⅱ级。从上述得分结果可以看出，阳台山自然风景区与莲石湖湿地公园和东小口森林公园相比慢行空间建设现状较差，莲石湖湿地公园虽与东小口森林公园评价等级同为Ⅱ级，但从分数上仍存在一定差距，三个景区均有较大进步空间。

第四节　景区慢行空间设计

一、景区慢行空间设计原则

（一）以人为本，活动主导

景区慢行道的设计应充分了解慢行者的心理需求和游憩需要，从尊重和满足游人意愿和需求的角度出发，在确保慢行空间安全性、合理性的基础上，进行慢行道的规划设计（王晶，2014）。系统和空间布局从满足游憩需要和经济利益最大化出发，尽可能优化系统生态性、丰富空间活动的多元性、改善游览环境，在具体空间活动中照顾特殊人群的特殊需求，充分考虑人性化设计。

（二）生态优先，便捷可达

慢行空间的整体设计应该充分尊重场地内部的自然生态环境，避免由于开发等人为因素对原有植被、水体、历史文化等方面造成破坏，应秉持生态保护、适度开发的原则理念，提升景区内环境景观舒适度、观赏性等，同时确保慢行空间的连通性和可达性，方便游人进入慢行空间。

（三）因地制宜，因类而异

不同类型的景区由于区域环境的地理地貌、植物、动物、气候等条件均不同，在规划设计上要本着因地制宜、因类而异的原则，从而构建出满足慢行者多样化需求的慢行空间环境。

二、慢行空间设计影响要素

（一）自然环境条件

1. 植物资源条件

植物是慢行空间自然要素之一，是构成慢行景观的主要元素。不同类型景区内植物资源本底不同，相同类型的不同景区又由于历史、区位、生长环境等因素，植物种类和景观类型也不同。景区中的植物资源整体相较城市其他公共空间来讲，丰富度和密度都较高，因此合理的利用并加以设计，发挥其美观、生态等效益，对景区慢行空间以及景区整体建设质量来说都尤为重要。

2. 水资源条件

水资源是景区自然资源中又一重要资源。景区水资源分为两大类，一类是外来水体为主的水资源，主要是景区外的河流、湖泊流经景区内部；一类是景区自身水体为主的水资源，指景区内天然湖泊或人工水景等。

景区内水资源在慢行空间的规划设计上是一大亮点，在滨水类景区或以水体景观为主的景区，滨水慢行路的设计显得尤为重要。既要满足游人亲水的游赏需求，又要注意安全和生态环境的保护，避免水体污染等问题，体现绿色生态的设计手法。

3. 地形条件

景区中的地形地貌类型复杂多样，如：平原、盆地、山地等，对景区慢行道的路网设计、建造和功能布局都有重要影响和制约。

4. 气候条件

景区所处区位的地域气候对景区慢行道设计的影响至关重要且不可避免。相对而言，地形气候和微气候可以通过人为因素进行改变和调节。

景区内的气候属于微气候，是地形、植被以及土壤等多重因素共同作用下的气候表现。气候条件对慢行路的影响很大，如光照角度、强度对路面的损伤程度，路面选材的注意点均不同。景区内慢行行为多为游人独立进行，没有任何防备设施，所以会受到气候环境的直接影响。现实情况表明，不论是严寒还是酷暑对慢行行为都有极大的限制性。因此，慢行道的设计要在尊重大气候的基础上，利用植物配置和景区其他自然、人文资源条件，考虑遮阴、防风、防沙等基本问题，改善景区内小气候，为游人创造更加舒适的慢行环境。

（二）景区历史文脉

历史文脉向人们诉说着历史的过往和特征，在日益趋同的社会中，它是鲜明的独特印记。景区历史文脉分为具象物质形态和抽象形态两种。具象形态是指景区内的天然植被、水体、历史遗迹等，抽象形态是指景区历史文化、文学底蕴、名人轶事等。

景区历史文脉是景区规划设计灵感的重要源泉，景区规划要重点保护并宣传原有的历史文化基调。与此同时，呼应市民多方面的需求，契合时代精神，重视现代技术的应用，打造出既传承历史又融合现代的优质景区。

（三）慢行者游憩活动和使用需求

慢行者的行为特征和使用需求由于慢行者自身类型和游憩行为的不同，会产生较大差异。如儿童、老年群体与青壮年群体对慢行空间的环境私密性、避免暴晒、远离噪音等方面的需求不同。另外，对于残疾人群来说，往往会有更需要注意的道路和设施设计注意要点、特殊需求，因此需要着重考虑体现人性化设计。

景区游憩行为多种多样，如跑步、骑行、登山、钓鱼等，根据游人的游览状态可分为动态和静态两类。

动态的游憩行为对环境整体的舒适度要求较高，夏季有荫，冬季遮风，场地空间可方便各类活动的开展，同时线路的连通性和可达性、景观丰富度等都应是重点考虑的问题。

静态游憩活动相比动态游憩来说更强调环境整体舒适度和景观美感，只有舒适的环境氛围和优美的景色才会吸引游人游览观光，乔灌草的合理搭配在景区中至关重要，植物自身观赏特性的重要价值也体现在这方面。

三、景区慢行空间设计策略

（一）慢行路设计策略

1. 基于生态、景观保护选线

景区是城市绿色空间的重要组成部分，景区道路选线要做到以自然、人文资源为依托，在开发过程中，避免对景区原有的历史文化底蕴造成破坏，协调各项资源可持续发展。

规划线路除了考虑保护资源外，还应尊重游人、兼顾安全因素。同时线路设置应在允许的范围内兼顾最大的景观变化、向游人充分展示景区风貌，满足游人亲近自然的需求。

2. 基于游憩需求合理设计慢行路类型

随着康体健身意识的提升，越来越多的人开始注意适当参与健身活动，相比室内和城市其他公共空间来说，景区绿地的环境、空气等状况都更好，更适合开展健身活动。当下景区内游人主要分为两类，一类是以游览观光为目的，另一类是以运动健身为目的。不同的游憩活动会产生不同的游憩需求，为给游人更好的慢行游憩体验，其慢行路的形式与尺度也不尽相同，应根据景区自身尺度、使用需求，合理安排步行路、骑行路、综合慢行路的类型设置。

由于慢行路类型不同，其道路铺装所选用的材质类型也各有侧重。具体来说，景区道路铺装材质首要满足基础使用功能，其次要尽量生态环保。常年潮湿的景区，铺装材质应有良好的防潮性，不易腐烂，不易打滑；游人使用度较高的路段，铺装材料应具备一定的耐磨性、持久度；特殊景区，个别路段的铺装还要具有不受季节变化、温度变化影响的能力（刘志荣，2017）。

（二）慢行景观设计策略

1. 增加彩叶植物，丰富季相景观

植物的形态会使人产生愉悦、惊奇、放松等情绪上的变化。植物又由于其富有独特的气味、美丽的色彩，会使观赏者产生浓厚的兴趣。植物配置也是一种视觉艺术，影响使用者的听觉、嗅觉、触觉等多方面的感受，进而影响人的行为。与此同时，植物还有重要的生态功能，例如降低噪音、水土保持、改善小气候等。景观设计就是利用合理的植物配置，将各类植物的特性发挥到最大程度，从而造就良好的生态环境。

从视觉角度来讲，彩叶植物相比单一的绿色植物，有着更为丰富的审美体验层次，彩叶植物在景观设计中也是非常重要的植物，能更好地发挥景观效应（图5-21、图5-22）。通过查阅相关资料，总结出了20多种北方园林常用彩叶植物（表5-24），以供选择参考。

表5-24　北方常用彩叶植物

名称	拉丁学名	名称	拉丁学名
金叶国槐	*Sophora japonica f. flavi-rameus*	变色黄杨	*Buxus sinica* spp.
金枝国槐	*Sophora japonica* 'Golden Stem'	红瑞木	*Cornus alba*

（续）

名称	拉丁学名	名称	拉丁学名
金叶白蜡	*Fraxinus chinensis* 'Aurea'	花叶槭	*Acer platanoides* 'Drummondii'
金叶榆	*Ulmus pumila* 'Jinye'	金边枸骨	*Ilex aquifolium* 'Aurea marginata'
蓝杉	*Picea pungens*	紫叶矮樱	*Prunus × cistena*
美国红枫	*Acer rubrum* 'Red Maple'	紫叶小檗	*Berberis thunbergii* 'Atropurpurea'
美国红栌	*Cotinus obovatus*	金叶卫矛	*Euonymus alatus* 'Euonymus'
金叶接骨木	*Sambucus canadensis* 'Aurea'	接骨木	*Sambucus williamsii*
金叶连翘	*Forsythia suspensa* 'Aurea'	金叶皂荚	*Gleditsia triacanthos* 'Sunburst'
金山绣线菊	*Spiraea japonica* 'Gold Mound'	大叶黄杨	*Buxus megistophylla*
花叶锦带	*Weigela florida* 'Variegata'	复叶槭	*Acer negundo*
七叶树	*Aesculus chinensis*	黄连木	*Pistacia chinensis*
黄栌	*Cotinus coggygria*		

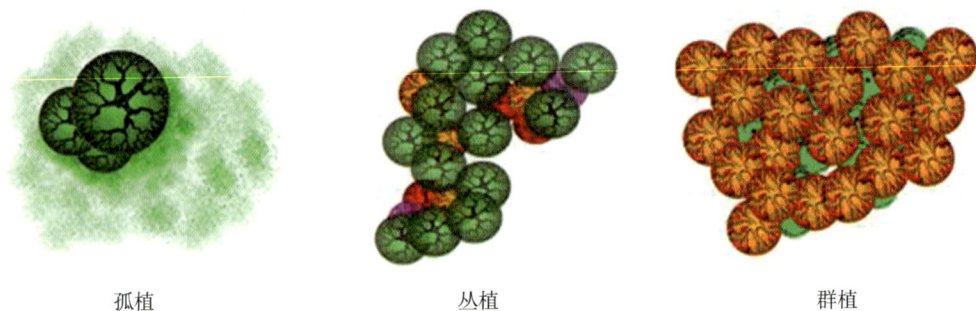

孤植　　　　　　　　丛植　　　　　　　　群植

图5-21　种植方式平面图

图5-22　花篱、花境示意图

2. 合理配置，提升植物景观文化内涵

从古至今，无数的文人墨客将情感志向寄托于花木及山水之间，植物常常被人赋予丰富的文化内涵。

目前许多景区在植物选择和植物配置上，只注重绿色、美观这一基础层面，忽略了植物本身所蕴含的文化内涵，不能很好体现景区特色及地域文化。全国各地都有一些具有地方特色的树种，可从文化角度塑造它们，使其成为该地区的代表符号，如北京的国槐、白皮松，上海的香樟、白玉兰，西安的国槐、石榴，成都的银杏、芙蓉花等。

而对于景区内留存的古树名木，应在保护的前提下，更好地宣传其承载的文化底蕴，可构成独立景点，向人们传递美感、文化价值。

3. 丰富水体景观，提升游览体验

若景区慢行路两侧有天然或人工水体，则应注意水体景观的慢行设计体验感。水体景观有别于植物、建筑等其他静态慢行景观，属于慢行景观中唯一的动态景观元素。在慢行空间中游览行进的游人对水体景观的感受主要在视觉和听觉两方面。从视觉角度，水体景观应在追求回归自然的基本原则下，与周围植物、建筑等其他景观融合，又富有层次感。从听觉角度，无论是涓涓细流还是气势如虹的瀑布，或是偶尔泛起涟漪的平静湖面，都有着自己独特的水声魅力。

水体景观设计形式从生态环保原则出发，可以大致分为生态驳岸、亲水平台、亲水栈道三种形式。不同形式选择种植的水生植物及种植方式均不尽相同，应具体场地具体分析。同时设计融入现代手法，加入灯光、水景造型、喷泉等形式，将更能吸引游人观光游览（图5-23）。

生态驳岸

滨水慢行路

水上栈道

亲水平台

图5-23　水体景观意向图

（三）慢行服务设施设计策略

1. 以需求为先，创造舒适游憩环境

景区慢行空间内的服务设施设计主要考虑服务半径、使用人群、游人心理需求等因素。服务半径主要涉及设施的服务承载力和游人的需求距离。服务承载力和设施总体规模控制方面，应以景区具体生态环境容量作为规模控制的基准。其中，照明设施、卫生设施、休憩设施、交通设施等四类应根据慢行空间使用者的需求距离，在符合相关服务设施规范的前提下，可针对具体景区具体情况做人性化调整；无障碍设施要特别注意人性化设置以及设施投入使用的后续使用体验反馈情况和设施维护情况。

设施规划设置时，充分考虑使用群体类型，合理规划布局相同功能类型设施间的配置距离，如果慢行路连通的是老人活动区或儿童活动区，其休憩设施的设置密度应作相应调整。

2. 创新形式，完善配套设施

可将景区的环境风貌特色、历史文化内涵融入到服务设施的造型、材料和色彩选择中。如景区内休憩座凳、垃圾桶的形状都可仿照景区特有动植物的形态来设计，不仅生动有趣吸引游人使用，还可提升使用体验。同时，随着人们对游憩体验要求的不断提高，服务设施的类型越来越丰富多样，除了基础服务设施外，许多景区在慢行路周边还设置了隐藏的广播、音乐播放器等设施，以及自助式图书借阅屋，自助式茶水间等新型服务设施。这些设施形式新颖，设计人性化，可做相关借鉴，从而大大提升游憩体验。

（四）标识系统设计策略

1. 丰富标识形式，完善使用功能

景区内标识系统的主要作用是为游人介绍景区概况、引导游览、指示交通等，同时也是传递生态科普知识和生态文化内容等信息的重要媒介。目前景区内的标识系统主要应用形式为各类标识牌，如解说牌、指示导向牌、警示牌等，而标识牌的外观设计是能否吸引游人关注的重要因素。标识牌的外观设计主要考虑形状、颜色、材质三方面，以仿生手法提炼的自然形态美放入标识系统的形状设计中，是目前标识设计的新趋势，如湿地公园内仿照湿地鸟类的形状设置的科普宣传牌、形象标识等。标识除了最直观的视觉外观设计外，其形式在功能性上的体现也尤为重要。有的景区游览时间不仅限于白天，也在夜间开放，而标识牌使用就需要注意到可识别性问题，应设置夜间发光标识装置。当然由于天气原因，许多景区在日间游览过程中也会出现光照不足，标识图形、字体等识别困难的现象，所以具备标识的发光装置更显人性化（图5-24）。

目前许多景区采用电子触摸屏、电子解说屏、移动电子解说设备等新兴标识形

式，不仅形式新颖别致，吸引游人前来阅读使用，同时增强了互动性，更好地发挥标识系统的信息传递功能（图5-25）。

图5-24　标识发光装置

图5-25　电子触摸类标识

2. 统一标识风格，规范标识设计

标识的形式设计在做到吸引目光，完善功能性的同时还需注意整体性。标识的整体性主要是强调标识的造型应与周围环境相融合，进行关联的设计创造，力求体现标识造型与外在整体统一的特质。整体性并不代表各类标识的形状、大小、颜色等基本构成要素应该完全相同，好的整体性设计要做到各类标识各有特色，又互为一体。标识风格可依据景区类型、自身特色，在颜色、形式、材质等方面做到相互呼应和谐统一。

3. 把握景区特色，合理打造标识科普重点

不同类型的景区，自然、人文资源类型和资源特色方面大不相同，因此在标识系统的科普内容设置方面，应各有侧重。如森林公园中的标识设置除了介绍公园内的特色动植物外，还应宣传普及森林景观、森林资源、森林哲学、森林美学、森林文学等森林相关生态文化，森林康养中如何调节机能、强身健体、保健养生的理论知识，以及森林的保持水土、涵养水源、截留降水、改善城市环境等生态功能。湿地公园在标识科普方面可着重介绍湿地文化、湿地的生态功能、湿地保护与修复、湿地特有动植物，以及鸟类迁徙、繁衍与保护等内容。

四、景区慢行空间优化设计

（一）阳台山自然风景区慢行空间设计

通过对阳台山自然风景区慢行空间现状的评价，结合景区现状得分，针对存在的问题，以景区基础概况为参考，对景区道路选线和慢行路、服务设施方面进行了具体的设计。

1. 道路选线优化设计

（1）增加登山次路，提高连通性　通过对景区现状道路的实地调研和分析，结合对慢行路选线打分情况，景区除现状道路外应增加登山次路，提高慢行景点连通度和景区慢行路自身的连续性，缓解目前游客量增大时带来的游览道路拥堵情况，改善游憩体验。

（2）增加骑行路，丰富道路体系　目前景区山脚下和山顶各有一段可骑行公路，深受骑行爱好者喜爱。景区内还有一条防火公路，若将三者连通合理利用，构成环山骑行路将丰富景区慢行道路体系。

基于以上建议，结合谷歌地图影像图数据，利用GIS技术对景区高程、坡度、坡向进行分析（图5-26）后对景区道路选线进行改造，建议新增三条登山探险次路和一条环山骑行道路。

相关研究显示，山岳类型的景区道路设置应尽量配合地形，减少对地形地貌的破坏。不同坡度路网布置特点见表5-25。

表5-25　不同坡度路网布局特点

坡地类型	坡度度数	坡度	路网布局
缓坡地	<5°	3%~10%	路网布局不受限制，可人工调整
中坡地	5~15°	10%~25%	路网布局略受限，考虑坡道、阶梯或立体交通
陡坡地	15~25°	25%~50%	路网布局受限制，需设置安全梯道或弯曲布置路网
急坡地	25~45°	50%~100%	路网布局受限较大，弯曲布置路网，减少坡度影响
悬崖坡地	>45°	>100%	路网布局完全受限，工程难度大、造价高，考虑特殊形式如索道等

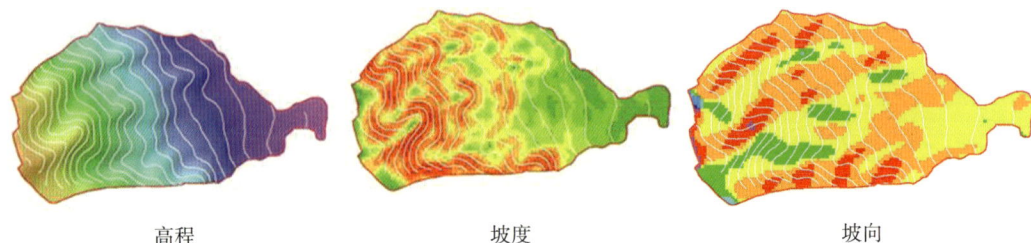

高程　　　　　　　　　坡度　　　　　　　　　坡向

图5-26　阳台山景区影像分析

将景区拟新增选点标记为 a、b、c、d、e、f、g，利用坡度计算公式：$i=h/l\times100\%$（i 为坡度，h 为高度差，l 为水平距离）计算选线坡度（表5-26）。

表5-26　阳台山景区选点坡度值

选点	坡度值	类型
ab	18.2%	中坡地
cd	26.3%	陡坡地
de	20.0%	中坡地
fg	10.2%	中坡地

从表5-26可见，新增的选线满足基础开发条件，可利用台阶、坡道等形式实现道路连通（图5-27）。

图5-27　阳台山景区道路选线示意图

2. 慢行路设计

（1）丛林探险路　阳台山景区本身植物资源本底较好，自然植被较丰富，林木多散生于山上，人工植物配置痕迹较少，自然野趣是景区登山路上的一大特色。根据选线可行性分析，可增设丛林探险路，连接状元石、龙潭沟、鹰嘴石、朝阳院茶棚、水涧山庄等之前未连通的景点。坡度较大时，采取坡道、台阶等方式。在实际施工中存在一定困难的路段，可以采用吊桥等方式。既可丰富慢行路的类型，还可吸引游人，提升游憩乐趣，丰富体验。此外，对景区该路段原有植被进行保留的同时，适当增加观叶、观花、观果等植物的栽植，如碧桃、紫叶李、连翘、海棠等（图5-28）。

图5-28　丛林探险路意向图

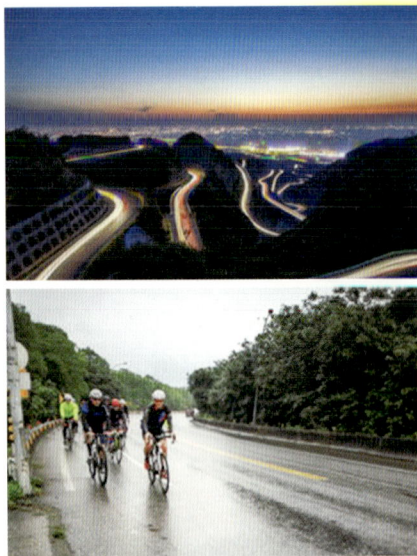

图5-29　环山骑行路意向图

（2）环山骑行路　该景区内原分别有两条环山公路，但彼此并不连通，可增设骑行路段，将两条公路连通。既可打造完整的环山骑行路，人们进入景区游览的方式将不再是单一的登山健行，还可以选择骑自行车绕山环行。同时，在环山骑行路段合理设置自行车停放点、休憩点，以及自行车租赁点，方便游人使用（图5-29）。

（二）莲石湖湿地公园慢行空间设计

结合莲石湖湿地公园慢行空间现状各部分的得分情况，以及景区基础概况的分析，对景区道路选线和慢行景观进行具体的设计。

1. 道路优化设计

（1）合理规划慢跑路、人车分离　将目前公园慢跑路进行重新选线规划，慢跑路线自身成环状体系，路面从材质和颜色上与骑行和步行路区分，采用跑步专用的塑胶材料。

（2）增设亲水栈道、提高道路连通性　湿地公园中湿地动物和植物为两大类吸引游客的重要资源，在不破坏湿地生态的前提下，增设水上栈道，可以增添游人亲近湿地的机会，同时将连通莲石湖两岸，提高公园道路体系整体连通度。

莲石湖湿地公园整体地势平坦，场地最大高差为10m，结合公园前期基础分析和实地调研情况，针对建议，绘制公园道路改进示意图（图5-30）。

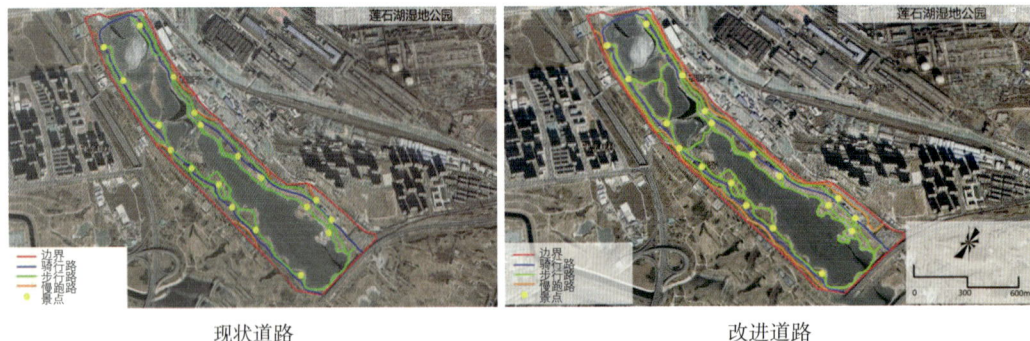

现状道路　　　　　　　　　　　　改进道路

图5-30　莲石湖湿地公园道路选线示意图

2. 慢行景观设计

莲石湖湿地公园作为城市湿地公园，其慢行景观的设计应以形成开敞的自然空间和湿地景观、恢复湿地、保护湿地动植物并为其营造适宜的群落生境为设计要点。因此，在选择植物和种植方式时要充分考虑到何种植物会吸引何种湿地鸟类等问题，针对这一问题在湿地公园内选取三个重要区域的慢行路景观做具体改造提升设计，如图5-31编号区域。

图5-31 莲石湖公园慢行景观改造设计区域

（1）水上栈道景观 该区域为图5-31中编号为1的黄色区域，属于湖泊湿地景观类型，具有良好的观赏价值。场地本身有一个水上浮岛但植物种植种类单一，且缺少水上栈道，游人并不能登陆浮岛进行观赏。设计以该区域中原有的水上浮岛为基础，合理选择植物种类，如金银木、山楂叶悬钩子、车前、狗尾草、地黄、独行菜、紫花地丁、二月兰、夏至草等植物，相互搭配形成生态浮岛，这些植物的补植将会吸引金翅雀、红尾鸫、斑鸫、黄腰柳莺等鸟类前来，从而吸引游客前来观赏（图5-32）。

（2）亲水观鸟景观 该区域为图5-31中编号为2的绿色区域，场地本身为生态驳岸，但植物选择上为单一草本植物，景观效果较差。可在保留生态驳岸的情况下，增设亲水平台，合理补植观赏性较强的植物，如虎尾藻、黑藻、马蹄莲、香蒲、慈姑、荷花等，可吸引黑水鸭、绿头鸭、普通秋沙鸭、普通翠鸟等（图5-33）。

生态浮岛

水上栈道

图5-32 水体景观意向图

现状图   意向图

图5-33 驳岸改造对比图

3. 标识系统设计

（1）形象标识设计　莲石湖湿地公园目前并无自己的形象标识，形象标识是最能直观体现公园特色的符号化标识，设计时可结合公园特色、资源类型、特殊动植物种类等，借鉴其他湿地公园已有的形象标识设计（图5-34），简洁明了地表达公园内涵及特色。

图5-34 形象标识示意图

（2）指示导向标识设计　目前公园内的指示导向标识，只是单一的标识牌形式，可增加电子触摸屏、解说屏等新型标识形式，将公园地图放入电脑终端，游人可利用电子触摸屏实时观看自己所处位置以及公园总体3D地图，更直接、更人性化地指示游人交通，形成智慧体验、互动体验和文化体验的智慧旅游景区，为参与者带来更加便捷的智慧服务（图5-35）。

标识现状   电子屏意向图

图5-35 指示导向标识对比图

（3）信息类标识设计　信息类标识除介绍公园基本概况、公园历史文化等知识外，还有一个重要内容是公园科普知识。因湿地资源的特殊性，其文化宣传和科普内容主要应以湿地知识科普、湿地保护和湿地文化三部分为主（表5-27）。

表5-27　湿地公园信息类标识内容设计

类型	主要内容	示　例	主要设置位置
文化宣传类	湿地生态文化宣传 　　如湿地文化的系统、结构与组成、湿地文化的主要特征、历史时期的湿地文化 公园主题文化宣传 　　如与公园历史、湿地主题相关的文化		设置在游人集中休息地，如长廊或游客中心处
科普类	湿地植物知识 　　如湿地特有植物功能作用、生态习性知识等 湿地动物知识 　　如湿地特有动物、湿地鸟类迁徙、繁衍、保护等知识 湿地保护知识 　　如与保护湿地、恢复湿地等相关知识 湿地功能知识 　　如湿地对生态系统的作用，湿地对人居环境、自然保护的生态功能 湿地净水知识 　　如湿地如何涵养水源、净化水体等知识	 	设置在公园主要游径、休闲健身场所、湿地亲水栈道和相关植物栽植地

（4）管理类标识设计　公园内的管理类标识造型应尽量突出、引人关注，起到提醒警示作用，标识用语要注意委婉，不要过度生硬，以免产生逆反心理。

（三）东小口森林公园慢行空间设计

结合东小口森林公园慢行空间现状各部分的得分情况，以及景区基础概况的分析，对景区道路选线和慢行路、服务设施方面进行具体的设计。

1.道路选线优化设计

（1）主路人车分离、安全慢行　将公园主路改造为可供步行和骑行两种游览方式的综合慢行路，游客量较大的区域采取植物隔离等方式进行道路划分，保证人车分离，实现安全慢行。

（2）增设专属骑行路、丰富游憩体验 针对目前游人经常骑行的路段，结合场地分析，以游客体验为设计核心，重新选线，增设骑行路（图5-36）。

a 现状道路   b 改进道路

图5-36 东小口森林公园道路选线示意图

2. 慢行路设计

对公园内的慢行路系统进行重新划分以后，分为步行路、骑行专用路、综合慢行路三类。其中骑行路中要注意道路材质的选择，其颜色、标识等都应与步行路做明显区分，方便人们区别使用。同时在骑行路上设置交通休憩节点用于停放自行车、租赁自行车等，骑行路的材质选择也应考虑到骑行特殊性选择合适的材料。骑行路的景观变化和韵律节奏可比步行景观的变化稍慢些，因为骑行本身就带有一定速度，若景色变化快反而会使得游客产生烦躁心理，降低游览体验感受（图5-37）。

骑行路

综合慢行路

图5-37 慢行路设计意向图

3. 服务设施设计

公园慢行空间内的基础服务设施，从卫生设施来说，垃圾桶、卫生间的数量首先要符合公园相关规范标准，应根据公园实际使用情况合理增加卫生间的数量或缩短卫生间之间的距离以及垃圾桶摆放的密度等。照明类设施的设置要考虑到后期的修缮更换等工作，设计时应选择方便安装和拆卸的组合灯光系统。景区交通类设施如自行车停靠设施、自行车租赁点等，其设置的位置应尽量明显，方便人们及时发现使用。还应广泛调查，跟踪使用者的使用体验，总结问题及时做出调整，如坡道的防滑系数是否满足所有使用者需求，部分无障碍步道路段是否需要加设扶手、

增加特殊人群专用休憩点等，除此之外还可增设一些自助式饮水点、音响设备、无线网络覆盖等，提升慢行空间的整体品质，满足现代社会人们的更高层次需求（图5-38）。

无障碍步道	特殊人群专用休憩点	夜间灯光照明设施
智能卫生间	自行车临时停放点	自行车租赁点

图5-38 服务设施部分意向图

参考文献

北京市公园管理中心, 北京市公园绿地协会. 2011. 北京公园分类及标准研究[M]. 北京: 文物出版社.

北京市政协文史资料委员会. 2007. 北京文物周边环境保护调查[J]. 北京观察, (9): 49-55.

北京统计局. 2015. 北京首次披露人口分布情况:超一半人口住五环外[J]. 国际城市规划, (4): 133-133.

卜文娟, 陆诤岚. 2009. 湿地公园游步道设计的探讨——以杭州西溪国家湿地公园为例[J].人文地理, 4: 110-114.

蔡云楠,方正兴. 2013. 绿道规划——理念·标准·实践[M].科学出版社.

柴适. 2014. 美国城市的慢行交通[J]. 交通与港航, (3): 63-64.

陈琳. 2015. 城市都市型绿道规则设计研究[D].福建农林大学硕士论文

陈茹. 2016. 丹凤县乡村绿道设计研究[D].西安建筑科技大学硕士论文.

陈爽, 张皓. 2003. 国外现代城市规划理论中的绿色思考[J]. 规划师, (4): 71-74.

陈亦舒. 2016. 昆明休闲绿道旅游发展的研究[D].云南财经大学硕士论文.

成科. 2009. 构建城市绿色交通系统[J]. 港口经济, (9):62-62.

崔玉莹. 2014. 绿道功能与规划初探——以茂名绿道为例[J].南方论刊,(10)

大连市城市规划设计研究院. 2018. 大连市慢行友好型交通系统规划[J]. 城市建筑, (12).

大卫·墨菲. 2011. 中欧绿道——设计可持续发展的国际性廊道[J].中国园林,(03)

戴菲, 胡剑双. 2013. 绿道研究与规划设计[M]. 中国建筑工业出版社.

邓炀, 刘尧. 2008. 结合地域特征构建具有人文特色的道路景观[J]. 山西建筑, 34(11): 283-284.

丁素平, 赵振斌. 2008. 基于游客需求角度的解说牌系统研究——以太白山国家森林公园为例[J]. 江西农业学报,20(6):148-151.

高鹏, 徐文辉, 唐祖辉. 2013. 生态型绿道评价指标体系构建[J]. 中国城市林业,11(2):40-42.

郭栩东. 2014. 基于消费者参与的城市游憩型绿道经营管理研究[M] .中国社会科学出版社.

郭玉玲. 2014. 生态文明指标体系的构建与评价——以北京市为例[D]. 首都经济贸易大学.

韩宁. 2009. 北京市旧城区绿地景观空间结构分析[D]. 北京建筑工程学院: 北京建筑工程学院.

韩西丽. 2004. 从绿化隔离带到绿色通道——以北京市绿化隔离带为例[J]. 城市问题, (2): 27-31.

胡剑双, 戴菲. 2010. 中国绿道研究进展[J]. 中国园林, (3): 88-93.

胡喜含. 2011. 现行西湖景区慢行道分析与游客体验评价研究[D]. 浙江工商大学.

黄毓民. 2003. 浅谈景区道路设计[J]. 有色冶金设计与研究, 24(3):29-32.

克·林德胡尔, 2012. 论美国绿道规划经验--成功与失败, 战略与创新[J].王南希(译).风景园林, (3): 34-41.

老海. 2015. 丹麦——自行车王国的绿色交通[J]. 交通与运输, (2):38-39.

李昌浩. 2005. 绿色通道的理论与实践研究[D].南京林业大学.

李得伟, 韩宝明, 刘殿仁. 2006. 城市综合交通一体化枢纽布设研究[J]. 综合运输, (3):60-63.

李海峰. 2013. 低碳视角下的苏州慢行交通研究[J]. 交通科技, (S1): 98-101.

李贺. 2013. 重庆市主城区绿道规划研究[D]: 重庆大学.

李朦朦, 吴远翔. 2014. 城乡绿道的功能性研究[J], 绿色科技,(09).

李沁. 2006. 森林公园游步道体验设计的探讨[J]. 山西林业科技, (3):55-56.

李瑞冬, 胡玎. 2003. 一次游步道的创新设计[J]. 园林, (12):10-11.

李伟, 俞孔坚. 2005. 世界文化遗产保护的新动向——文化线路[J]. 城市科学, (4): 7-12.

李翔. 2014. 低碳交通背景下自行车交通规划策略研究[D]. 天津大学.

李新春, 张朝朋. 2008. 西安市顺城巷自行车旅游专用车道建设方案[J]. 科学之友,(32):152-152.

李杨. 2016. 城市型绿道功能评价及建设研究——以北京市环二环绿道为例[D].北京农学院硕士论文.

李祉锦. 2012. 析游憩型绿道的功能及分类[J].旅游纵览(下半月),(11).

梁忠让. 2017.从共享单车的发展看慢行交通的回归[J]. 工程建设与设计, (10):88-89.

林继卿, 刘健, 余坤勇, 等. 2010. 灵石山国家森林公园游步道选线研究[J]. 北华大学学报(自然), 11(4):357-362.

林盛兰. 2010. 美国国家游径系统及典型案例研究[D]. 北京交通大学.

刘晓涛. 2001. 城市河流治理若干问题的探讨[J]. 规划师, 17(6):66-69.

刘艳. 2013. 基于地域文化景观塑造的山地城市步行空间设计研究[D]. 重庆大学.

刘宇. 2017. 国外城市慢行交通复兴的启示[J]. 中国道路运输, (9):76-77.

刘志荣. 2017. 分析风景区道路铺装技术[J]. 低碳世界, (23):185-186.

芦浩, 李健. 2012. 旧城区绿道建设研究[J]. 城市建设理论研究, (30).

罗成书, 周敏, 钱苗. 2011. 都市自行车旅游慢行道空间布局优化研究——以杭州市为例[J]. 地域研究与开发, 30(4):94-97.

罗琦, 许浩. 2013. 绿道研究进展综述[J]. 陕西农业科学, (2): 127-131.

吕晶. 2010. 绿色慢行交通系统的城市设计方法研究——以中新天津生态城为例[D]. 天津: 天津大学.

穆博. 2012. 郑州市域游憩绿道网络体系构建方法和途径[D]. 郑州: 河南农业大学.

潘关淳, 王先杰. 2016. 北京三山五园绿道系统规划设计[J]. 北京农学院学报, 31(2): 102-106.

丘铭源. 2003. 浅谈"绿营建"制度与国外生态道路建设实例[J].造园, (2):65-74.

申婵, 刘明林. 2015. 国内外慢行交通系统综述及其应用[J]. 中国市政工程, (4): 12-15, 97.

施旭栋, 孔令龙. 2010. "慢行城市"的实现之道——试论当代我国城市慢行道的构建[C]. 中国城市规划年会.

时萌. 2015. 在老城区保护视野下的济南历史文脉型绿道的规划设计研究[D]. 济南:山东建筑大学.

史志法, 王贤卫. 2018. 从系统性到精细化——厦门市慢行道规划建设策略研究[C]// 创新驱动与智慧发展——2018年中国城市交通规划年会论文集.

苏北. 2013. 人文绿道探索-以广州老城区规划为例[J]. 交通与运输, 29(5): 10-11.

隋玉亭, 周玮明. 2016. 中心城区绿道规划建设问题及对策研究-以宜昌市中心城区绿道规划为例[C]//规划60年: 成就与挑战——2016中国城市规划年会论文集. 沈阳: 中国建筑工业出版社.

孙奎利. 2012. 天津市绿道系统规划研究[D]. 天津大学博士论文.

谭晓鸽. 2007. 绿道网络理论与实践[D]: 天津: 天津大学.

田逢军, 沙润, 王芳, 等. 2009.城市游憩绿道复合设计——以上海市为例[J]. 经济地理, (8): 1385-1390.

万亚军, 蒙睿. 2008. 自行车旅游——自行车应用的探索与实践[J]. 中国自行车, (6):42-45.

王道, 徐亮亮, 王晶晶, 等.2015.不同速度自行车骑行气体代谢与能量消耗研究[J]. 体育科研, (5):64-70.

王晶. 2014. 人性维度下绿道慢行交通系统规划设计研究[D]. 安徽农业大学.

魏燕. 2016. 生态视角下慢行城市规划设计策略探讨[J].建筑工程技术与设计, (5).

吴广珍. 2015.城市绿道功能性初探——以淮南市舜耕山风景为例[J].中国园艺文摘,(12).

吴涵, 孙佳辰, 江辰星, 等. 2018. 以上海滨江为例谈城市慢行道景观规划设计[J]. 山西建筑, v.44(12):34-36.

吴洪洋, 杜光远, 尹志芳. 2016. 城市慢行交通系统[M] 北京: 人民交通出版社.

吴明添. 2013. 山地公园游步道设计探讨——以福州市金鸡山公园为例[J]. 福建建筑, (7):49-51.

吴希冰, 张立明, 邹伟. 2007. 自然保护区旅游标识牌体系的构建——以神农架国家级自然保护区为例[J].桂林旅游高等专科学校学报, 18(5):655-658.

谢佐桂, 王勇进. 2005. 深圳公园游步道耐荫植物的选择[C]. 中国公园协会2005年论文集.

徐淑娟, 周晓兰. 2012. 浅谈游憩型绿道的功能及分类[D].武汉大学.

闫祥青. 2016. 游憩型绿道的功能价值及其规划原则[J].西安建筑科技大学学报,(03)

阎波, 李宗虎. 2018. 山地滨水城市慢行道设计探析——以渝中半岛为例[J]. 中国园林, v.34; No.268(04):68-72.

阳建强. 2009. 基于城市发展机制的历史文化名城保护[J]. 历史文化名城, 16(11): 139-142.

杨松. 2011. 多目标绿道系统规划方法探索——以北京顺义区绿道系统规划为例[C]//中国城市规划年会.

叶焕, 陈锐. 2016. 凤阳中心城区游憩绿道系统规划设计[J]. 湖南城市学院学报, 25(1): 88-90.

叶盛东. 1992. 美国绿道简介[J]. 国外城市规划, (3): 44-47.

余菲菲, 王思瑶. 2016. 基于历史文化保护的鄂西山地城镇绿道建设初探——以宜昌地区为例[J]. 湖北民族学院学报(哲学社会科学版), 34(2): 82-85.

余雪琴. 2008. 上海市公园植被景观格局[J]. 生态环境, (4): 1548-1553.

余云龙, 杜函函. 2013. 绿道功能及海南岛绿道建设实践[J].绿色科技,(05)

袁姝. 2007.民营企业投资旅游景区的SWOT分析[J]. 商场现代化, (36):173-175.

云美萍, 杨晓光, 李盛. 2009. 慢行交通系统规划简述[J]. 城市交通,7(2):57-59.

张兵. 2014. 历史城镇整体保护中的"关联性"与"系统方法"——对"历史性城市景观"概念的观察和思考[J]. 城市规划,38(2):42-48.

张鸽娟, 陈菁, 李慧敏. 2017."中尺度"绿道网络的复合性构建——以西安老城区为例[J]. 西部人居环境学刊, 32(1): 96-101.

张冠婷, 吴越. 2012. 基于GIS的鹅形山森林公园游步道选线系统的建立[J]. 中外建筑, (5):111-113.

张建国, 王燕, 潘百红. 2007. 西湖景区解说标志系统初步研究[J]. 浙江旅游职业学院学报, (1).

张庆军. 2012. 城市绿道网络规划综合评价[D].武汉: 华中科技大学.

张天洁, 李泽. 2013. 高密度城市的多目标绿道网络——新加坡公园连接道系统[J]. 城市规划, 37(5): 67-73.

张文, 范闻捷. 2000. 城市中的绿色通道及其功能[J]. 国外城市规划, (3): 40-43.

张笑笑. 2008. 城市游憩型绿道的选线研究——以上海为例[D]. 上海: 同济大学.

张媛媛, 朱军. 2013. 浅论城市道路景观营造要素[J]. 绿色科技, (10):112-113.

赵健, 葛幼松, 彭俊. 2013. 低碳视角下老城区空间整合利用研究——以南京市下关区为例[J]. 陕西农业科学, (1): 231-234.

赵晶. 2012. 从风景园到田园城市——18世纪初期到 19世纪中叶西方景观规划发展及影响[D]. 北京林业大学,

钟林生, 陈劲松. 2000. 碧塔海生态旅游区标牌系统的规划设计[J]. 中国园林, 16(3):49-51.

钟林生, 肖笃宁, 等. 2000. 生态旅游及其规划与管理研究综述[J]. 生态学报, 20(5):841-848.

周大坤. 2016. 景观绿道研究综述[J].科技与创新,(03)

周年兴, 俞孔坚, 黄震方. 2006. 绿道及其研究进展[J].生态学报, 26(9): 3108-3116.

周盼, 吴雪飞, 等. 2014. 基于多重目标的绿道选线规划研究——以草原丝绸之路(元上都至元中都段)文化线路为例[J]. 规划师, 30(8): 121-126.

朱忠芳. 2009. 森林公园游步道产品规划设计研究[D]. 福建师范大学.

左扬. 2016. 低碳视角下浅谈慢行城市规划中的城市设计策略[J]. 城市建设理论研究: 电子版, (11).

Adam, Hubard. 1999. Making the connections:A vision plan for new England greenways. landscape Architecture and Regional Planning[M]. Amherst, MA.; University of Massachusetts.

Ahern Jack. 1995. Greenways as a planning strategy[J]. Landscape and Urban Planning, 33(1): 131-155.

Asakawa shoichiro, Yoshida-Keisuke-Yake-Kazuo. 2004. Perceptions of urban stream corridors within the greenway system of Sapporo, Japan[J]. Landscape and Urban Planning, 68 (2) :167-182.

Aubrey D, Miller, Jerry J, et al. 2017. Does Zoning Winter Recreationists Reduce Recreation Conflict[J]. Environmental Management,59(1).

Bini R R, Tamborindeguy A C, Mota C B. 2010. Effects of saddle height, pedaling cadence, and workload on joint kinetics and kinematics during cycling[J]. Journal of sport rehabilitation, 19(3): 301-314.

Boyd. S. W and Butler R W. 1996. Seeing the forest through the trees : Using GIS toidentify potential ecotourism sites in Northern Ontario . In L.C. Harrison and W. Husbands (eds) Practicing Responsible Tourism: International Case Studies in Tourism Planning. Policy & Development. [M] . New York : Wiley & Sons .

Byrnes J, Dollery B. 2002. Do Economies of Scale Exist in Australian Local Government? A Review of the Research Evidence1[J]. Urban Policy & Research, 20(4):391-414.

Culbertson K, Hershberger B. Jackson S, et al. 1994. GIS as a tool for regional planning in mountainregions: Casestudies from Canada , Brazil , Japan , and the USA . In M . F Price and D . I . Heywood (eds) Mountain Environments and GIS [M] . London : Taylor Francis.

Ellen Eubanks . 2004. Trail Construction and Maintenance Notebook . Washington, D C: United States Department of agriculture.

European Greenways Association. 2000. The European Greenways Good Practice Guide: examples of actions undertaken in cities and the periphery EGA: Namur, Belgium.

Fábos J G. 2004. Greenway planning in the United States: its origins and recent case studies[J]. Landscape and Urban Planning, (68): 321-342.

Force J E, Forester D J. 2002. Public Involvement in National Park Service Land Management Issues[J]. Libraries.

Fosterm dubisi, et al. 1995. Environmentally sensitive areas: a template for developing greenway corridors[J]. Landscape and Urban Planning, (33): 159-177.

Fraser Shilling, Jennifer Boggs, Sarah Reed. 2012. Recreational System Optimization to Reduce Conflict on Public Lands[J]. Environmental Management, 50(3).

Furusethowen J, Altman Robert E. 1991. Who's on the Greenway: socioeconomic, demographic and locational characteristics of greenway users[J]. Environ Manage, 15(3): 329-336.

Grey Lindsey. 1999. Use of Urban greenways: insights from Indianapolis[J]. Landscape and Urban Planning, (45): 145−157.

Howard E.1946. Garden Cities of Tomorrow[J], Faber & Faber, London.

Julis Gy, Fabos. 2000. Kltting New England Together[J]. Landscape Architecture,(2).

Julius Fábos. 1991. From parks to greenways into the 21st century[R]. Proceedings From Selected Educational Sessions, ASLA Annual Meeting: Kansas City, Missouri.

Kerry Dawson. 1995. A comprehensive conservation strategy for Georgia's greenways[J]. Landscape and Urban Planning, (33): 27−43.

Lewis Phillip. 1964. Quality corridors for Wisconsin[J]. Landscape and Urban Planning, (1): 101−107.

Little Charles. 1990. Greenway for America[M]. Baltimore: Johns Hopkins University Press.

Lucas, Robert C, Oltman J L . 2000. Survey sampling wilderness visitors[J]. Journal of Leisure Research.

Lucas, Robert C. 2000. Recreation trends and management of the Bob Marshall Wilderness Complex[R]. Outdoor Recreation Trends Symposium II. Atlanta,G A; USDI National Park Service,Southeast Regional Office.

Marcussen C H, Cross S B. 2009. Cycling tourism in north−western Poland, on Bornholm and in southern Sweden[J]. Centre for Regional and Tourism Research, Bornholm, Denmark.

Miller Collins. 1998. An approach for greenway suitability analysis[J]. Landscape and Urban Planning, (42): 91−105.

Moertherg H G, Wallentinus . 2000. Red−listed forest bird species in an urban environment assessment of green space corridors [J] . Landscape and Urban Planning . (50) : 215 − 226 .

Ph.gobster. 1995. Perception and use of a metropolitan greenway system for recreation[J]. Landscape and Urban Planning, (33): 401−413.

Rob H G et al. 2004. European ecological networks and greenways[J]. Landscape and Urban Planning, (68): 305−319.

Shafer Scott, Lee−Bong−Koo. 2000. A tale of three greenway trails:user perceptions related to quality of life[J]. Landscape and Urban Planning, (49): 163−178.

Sinclair Heset. 2005. Mammaliannest predators respond to greenway width, landscape context and habitat structure[J]. Landscape and Urban Planning, 71(2): 277−293.

Tom Turner. 1995. Greenways, blueways, skyways and other ways to a better London[J]. Landscape and Urban Planning, 1995(33): 269−287.

Tzolova Genoveva. 1995. An experiment in greenway analysis and assessment: the Danube River[J]. Landscape and Urban Planning, (33): 283−294.

Wis P H Jr. 1964. Quality Corridors for Wisconsin[J].Landscape Architecture.

Yokohari M, Amemiya M, Amati M. 2006. The history and future directions of greenways in Japanese New Towns[J]. Landscape and urban planning.

Zube E H, Brush R O, et al.1978. Landscape assessment: value, perception, and resource[J]. Professional Geographer,(1):92−93.